2015年制定

造園工事総合示方書
General Specifications for Landscape Construction, 2015

技術解説編
Technical Principles

公益社団法人 **日本造園学会**
Japanese Institute of Landscape Architecture

発行　一般財団法人 経済調査会

出版に寄せて

　本書の出版を心から歓迎する．この間，編集の業務に尽力してこられた公益社団法人日本造園学会タスクフォース委員会並びに一般社団法人日本造園建設業協会，更には企画に賛同された編集委員会委員及び執筆協力者各位に，造園設計と施工及び維持管理との密接な連携の必要性を長らく感じていた一人として，深甚の謝意を表したい．

　造園工事固有の課題として重視されてきたのが，「収まり」「出来形」「仕上がり」などである．こうした点にこだわった現場確認が，設計・施工の両者立ち会いのもとに行われてきたことが造園施工への長年の信頼を積み上げてきたのと同時に，工事品質の一定程度の水準を維持してきた．しかしそれへの信頼が揺らいでいる残念な現状があることも事実である．その原因は，多くの関係者が繰り返し指摘してきたように，発注方式の変化に伴う設計・施工の連繋の弱化や，造園工事の技術レベルの低下がその根底にあるといってよい．

　更に最近では，造園施設の安全性の確保と長寿命化が求められ，それは造園工事の品質確保のテーマとして施工分野にも課せられている．また，公共造園工事や，半公共造園工事とでもいうような民地の造園工事であっても，公共性の高い空間で行われる工事の品質は，価格以外の多様な要素をも考慮し，品質が総合的に優れた内容の契約がなされなければならないという，いわゆる「品確法」も重視されるようになってきた．これらの内容は，実は造園工事では以前からというより，むしろ大昔から自明のこととして受け止められ実行されていた．ところが，昨今の動向により加速してきた低入札の増加や総合評価落札方式の適用により，良心的で丁寧な仕事を身上とする造園工事を担当する業種は，収益重視型の荒々しい業種や企業に呑み込まれてしまった．

　本来，総合評価落札方式のもつ良いところは，施工に必要な技術能力を有する者が担当することで，工事目的物の性能と品質の確保と向上につながること，工事周辺の環境を良好に維持し，安全対策についても確実になること，施工不良の

未然防止につながることにより，総合的なライフサイクルコストの縮減につながることだと言われてきた．

であるとすれば，これからの造園工事は，志あるクライアントと，良識的なユーザーを味方にして，高品質な造園空間を生み出していくことで社会に貢献する道をたどりたい．そのための道程にもなるのがこの示方書である．

今回の出版事業が契機となり，業界と学会の連携がさらに進み，この示方書が造園の設計・施工並びに維持管理の分野で活用されることにより，グリーンインフラの品質が高まり，造園の目的とするランドスケープインフラの重要性が社会全体に理解され，評価されるようになることを期待するものである．

2015 年 5 月

公益社団法人 日本造園学会 元会長
公益財団法人 都市緑化機構 理事長

輿水 肇

は じ め に

　各地で，そして毎日のように，様々な造園工事や管理業務が行われている．これら数多くの業務において一定水準以上の成果を実現するためには，達成すべき空間や環境の機能や性能，その形成並びに維持に必要な技術や水準等について，造園分野で共有することが必要である．

　しかし造園の工事や管理では植物材料をはじめとする自然物を中心に扱っており，材料自体に多様性や地域性があることに加え，成長，成熟，変化といった時間軸への配慮も必要であることから，その取扱い技術の基準化には困難がつきまとう．また，技術自体が日進月歩することや，環境や空間に求められるものが変化することも，こうした技術・基準を示した技術書づくりを難しいものにしている．とは言え，手をこまねいていては，造園空間や環境の質を高めていくことはできないし，造園技術の進展を促すことにもつながらない．

　この度，公益社団法人日本造園学会では，一般社団法人日本造園建設業協会との協働により，本書『造園工事総合示方書 技術解説編』を編集・出版した．現場の第一線で中心的に活躍している方々に執筆・編集していただき，現時点における造園技術書として最も適切な技術や水準を示したものになっていると自負している．また一方で，この示方書は造園技術発展のための手段でもあると考えている．ぜひ，皆様のお手元に置いて活用していただくとともに，この示方書が足がかりとなって造園技術に対する理解や論議が深まり，技術の革新や水準の向上にも結びついていくことを切に願っている．

2015年5月

公益社団法人 日本造園学会

会長　下村　彰男

本書の内容と構成

　本書は，様々な建設工事に照らし合わせた場合に造園工事が本来的に有している特徴を明確にした上で，技術的な基準や手法を示し，更にはそれらの適用に当たって考慮するべき事項を網羅的に扱うことを目的としている．

　具体的には，造園工事が取り扱う対象とその範囲を明確にすること，造園工事において用いられている用語の意味に関する認識を共有すること，造園設計と造園工事の連携のあり方や造園工事と維持管理の連携に関わる固有の価値を明確にすることが課題となっていることへの対応である．また，様々な造園工事，工種を組み合わせることによって実現できる，より多様で高度な社会的要請に応えるための技術体系の全体像を示すと同時に，そのための基本的な考え方や指針等の調整が求められていることへの対応でもある．したがって，この示方書の構成もまた，上記の課題への対応のあり方を反映したものとなっている．

　「Ⅰ部　共通」においては，この示方書で扱う造園工事の範囲や工種にとどまらず，設計と施工の連携，施工と維持管理の連携について，従来にはない積極的な記述を試みた．

　「Ⅱ部　施工技術」では，造園工事に固有の工種や施工方法等に絞って，内容の深化をはかるとともに，関連する建設工事技術との差異を明確にしつつ，それらとの実効的な連携のあり方にも言及した．また，ここでは造園工事においてその固有の価値を創造する上で最も重視されるべき植物的な自然と，それを支える環境を持続可能な状態に育成していくための管理技術（緑地育成）についても記載した．

　更に「Ⅲ部　統合技術」においては，従来の造園工事が目指した修景効果に加えて，防災機能の向上，生物多様性の保全再生，都市部における温熱環境の緩和，ユニバーサルデザインへの対応等，今日的な課題に対する技術的な対応について記した．

　そして「Ⅳ部　資料」として，造園工事に関わりのある公園施設等で使用され

る材料と塗装の性質についても収録した．

　このように，この示方書の内容は極めて実践的でありつつも，今日的な社会的要請に対応できる内容を有しており，また執筆陣も造園工事に関わる様々な実務において，長い経験と実績を有する専門家によって構成されている．造園の計画・設計から施工，維持管理に至るプロセスのあらゆる局面において，この示方書の内容は最も基本的なレファレンスとして機能することができるであろう．その意味において，この示方書は書棚の一隅を占める存在にとどまることなく，造園工事を発注する事業者，計画や設計に携わる設計者，あるいは工事計画を立案する施工者のオフィスの卓上に置かれること，工事が進む現場の管理事務所に常備されていること，更には，工事の現場において設計監理，施工管理に携わる多くの造園技術者が常に携帯しているものであってほしいと願っている．そのために，判型やページ数などについても扱いやすく携行に適したものとなるように配慮した．

　なお，本書は，造園工事に関わる具体的な技術解説を主たる目的としてとりまとめられた示方書である．本書の技術体系の基盤をなす造園技術全体における位置づけやその背景にある社会的要請の認識，造園工事によって形成される空間や環境が具備すべき基本性能，造園工事に携わる技術者の役割，更には既往の技術基準や標準仕様との関係についての包括的な理解なくして，出版の目的である具体的な技術の成果を社会に定位していくことは困難である．造園工事の技術体系が常にたちかえるべきこれらの基本原則については，技術解説編の刊行から間をおくことなく速やかに検討をはじめ，建設工事に関わる示方書としての完成度を高めるとともに，その適用範囲を拡大していくことが必要であると認識している．

　もとより，造園工事をはじめとする様々な建設工事の技術が日進月歩であることは論を待たない．この示方書の内容もまた，現場における技術革新の進展を反映しつつ，定期的に改訂，更新される必要がある．今後の改訂に当たっては，造園工事の現場に携わる多くの技術者の知識や経験を十分にくみ上げるプロセスをへて，内容の実用性と即時性を高める仕組みを日本造園学会の中に設ける予定で

ある．

　ぜひとも読者の皆様による，技術的な情報の提供や忌憚のないご意見をお願いしたい．

2015 年 5 月

　　　　　　　　　　公益社団法人　日本造園学会　造園工事総合示方書編集委員会
　　　　　　　　　　　　　　技術解説編部会　部会長　宮城　俊作

造園工事総合示方書編集委員会 技術解説編部会

(五十音順, 敬称略)

部会長　宮城　俊作（奈良女子大学）
幹　事　八色　宏昌（景域計画（株））
委　員　川俣　　稔（(一社)日本植木協会）
　　　　小木曽　裕（(株)URリンケージ）
　　　　宍倉　孝行（(有)グリーンシシクラ）
　　　　手塚　一雅（(株)森緑地設計事務所）
　　　　内藤　英四郎（(株)都市ランドスケープ）
　　　　野村　徹郎（(一社)日本造園建設業協会）
　　　　萩野　一彦（(株)オオバ）
　　　　松本　　透（(株)富士植木）
　　　　丸山　智正（(一社)日本公園施設業協会）

全体統括

宮城　俊作　　八色　宏昌　　野村　徹郎

執筆統括

Ⅰ部　1～4章　宮城　俊作
Ⅱ部　1章 1.1～1.3節　松本　　透　　1.4節　　野村　徹郎
　　　2章 2.1節　　宍倉　孝行　　2.2～2.4節　野村　徹郎
　　　　　2.5～2.7節　小木曽　裕
　　　3章　　野村　徹郎
　　　4章　　松本　　透
Ⅲ部　1章　　手塚　一雅
　　　2章　　萩野　一彦
　　　3章　　八色　宏昌
　　　4章　　小木曽　裕
　　　5～8章　内藤　英四郎
Ⅳ部　1～3章　手塚　一雅

執筆協力 （五十音順，敬称略）

石川　　　純	（（公財）都市緑化機構　防災公園とまちづくり共同研究会，（株）都市計画研究所）	Ⅲ部 2.1 節
板垣　範彦	（いきものランドスケープ）	Ⅲ部 3.4 節
一ノ瀬　友博	（慶應義塾大学）	Ⅲ部 3.1 節
岩﨑　哲也	（兵庫県立大学大学院，兵庫県立淡路景観園芸学校）	Ⅲ部 3.6 節
大澤　啓志	（日本大学）	Ⅲ部 3.7 節
大橋　幸雄	（（株）戸田芳樹風景計画）	Ⅲ部 1.4～1.5 節
落合　直文	（（公財）都市緑化機構　防災公園とまちづくり共同研究会，（株）エイト日本技術開発）	Ⅲ部 2.4～2.5 節
加藤　茂男	（（株）ヘッズ）	Ⅰ部 3.3 節
鎌田　正典	（（株）都市計画研究所）	Ⅰ部 3.2 節
狩谷　達之	（（一社）ランドスケープコンサルタンツ協会）	Ⅲ部 5 章，Ⅲ部 7 章
川俣　　稔	（（一社）日本植木協会）	Ⅱ部 2.1 節
小島　久子	（（公財）都市緑化機構　防災公園とまちづくり共同研究会，（株）ライフ計画事務所）	Ⅲ部 2.3 節
菅　　博嗣	（（株）あいランドスケープ研究所）	Ⅲ部 8 章
髙橋　宏樹	（（株）プレイスメディア）	Ⅰ部 3.3～3.5 節
手代木　純	（（公財）都市緑化機構　防災公園とまちづくり共同研究会，（公財）都市緑化機構）	Ⅲ部 2.2 節
萩野　一彦	（（株）オオバ）	Ⅰ部 3.1 節
藤田　　茂	（（有）緑花技研）	Ⅱ部 2.5～2.7 節，Ⅲ部 4.1 節，Ⅲ部 4.3 節，Ⅲ部 4.5 節
桝井　淳介	（（株）桝井淳介デザインスタジオ）	Ⅲ部 1.1.4 (1)～(4)
丸山　智正	（（一社）日本公園施設業協会，（株）丸山製作所）	Ⅳ部 1～3 章
丸山　英幸	（（株）愛植物設計事務所）	Ⅲ部 1.1.4 (5)，Ⅲ部 1.3 節
村井　寿夫	（（株）あい造園設計事務所）	Ⅲ部 6 章
山田　宏之	（大阪府立大学大学院）	Ⅲ部 4.2 節，Ⅲ部 4.4 節
吉澤　眞太郎	（（株）プレイスメディア）	Ⅰ部 3.3～3.6 節
吉田　　新	（（株）プレイスメディア）	Ⅰ部 4 章

造園工事総合示方書 技術解説編

目　　次

Ⅰ部　共　通

1章　示方書の適用範囲 ……………………………………………………………… 3
 1.1　造園施工の範囲 ……………………………………………………………… 3
 1.2　造園施工が参照するべき他の工事の技術基準 …………………………… 4
 1.3　対象とする工種 ……………………………………………………………… 5
  1.3.1　土工事 …………………………………………………………………… 5
  1.3.2　植栽工事 ………………………………………………………………… 5
  1.3.3　緑地育成 ………………………………………………………………… 6
  1.3.4　施設工事 ………………………………………………………………… 7
  1.3.5　統合技術 ………………………………………………………………… 7
 1.4　関連する工事との関係 ……………………………………………………… 8
  1.4.1　建築工事との関係 ……………………………………………………… 8
  1.4.2　土木工事との関係 ……………………………………………………… 9

2章　字句の意味 ……………………………………………………………………… 12

3章　設計と施工 ……………………………………………………………………… 13
 3.1　設計と施工の連携 …………………………………………………………… 13
  3.1.1　設計と施工の連携の必要性 …………………………………………… 13
  3.1.2　施工に求められるデザインの技量 …………………………………… 13
  3.1.3　設計意図の把握 ………………………………………………………… 14
 3.2　設計意図の伝達 ……………………………………………………………… 14
 3.3　設計監理 ……………………………………………………………………… 17
 3.4　植物材料の検収 ……………………………………………………………… 20
  3.4.1　設計監理者による植物材料の検収業務 ……………………………… 20
  3.4.2　植物材料の検収業務において施工者が対応するべき事項 ………… 21
 3.5　石材の検収 …………………………………………………………………… 22
  3.5.1　設計監理者による石材の検収業務 …………………………………… 23
  3.5.2　石材の検収業務において施工者が対応するべき事項 ……………… 24

3.6　バリューエンジニアリング··25
 3.6.1　前提としての設計意図，機能，性能の的確な把握································25
 3.6.2　代替案提示における優先順位の明確化··26
 3.6.3　代替案提示における発注者・設計者との協議··26

4章　施工と維持管理··28
4.1　施工と維持管理の連携··28
 4.1.1　施工と維持管理の連携の必要性··28
 4.1.2　空間の成熟を読み込んだ施工··28
 4.1.3　維持管理を見据えた施工··29
 4.1.4　維持管理に求められるデザインの技量···29
4.2　施工者による維持管理への関わり··30
4.3　育成管理計画の提案と検証··32

Ⅱ部　施工技術

1章　土　工　事···37
1.1　土地造形工···37
1.2　雨水排水・浸透工··38
1.3　段差処理工···39
1.4　植栽基盤整備··42

2章　植　栽　工　事··46
2.1　植栽準備工···46
2.2　植物材料の選定と調達··53
2.3　配　植··54
2.4　植栽工··55
2.5　屋上緑化··57
 2.5.1　緑化対象建築物の把握··57
 2.5.2　設計図書の確認···58
 2.5.3　施工計画··62
 2.5.4　施工時の留意点···63
 2.5.5　維持管理者への引継ぎ··63
2.6　壁面緑化··64
 2.6.1　緑化対象壁面の把握··64
 2.6.2　設計図書の確認···64

2.6.3　施工計画及び施工時の留意点 ………………………………………………… 68
　　2.6.4　維持管理者への引継ぎ ……………………………………………………… 69
　2.7　室内緑化 …………………………………………………………………………… 70
　　2.7.1　室内環境条件の把握 ………………………………………………………… 70
　　2.7.2　設計図書の確認 ……………………………………………………………… 73
　　2.7.3　施工計画及び施工時の留意点 ………………………………………………… 75
　　2.7.4　維持管理者への引継ぎ ……………………………………………………… 76

3章　緑地育成
　3.1　整姿・剪定 ………………………………………………………………………… 79
　3.2　植栽養生 …………………………………………………………………………… 81
　3.3　施　肥 ……………………………………………………………………………… 82
　3.4　病害虫防除 ………………………………………………………………………… 83

4章　施設工事
　4.1　土系舗装工 ………………………………………………………………………… 86
　4.2　石材系舗装工 ……………………………………………………………………… 87
　4.3　園路縁石工 ………………………………………………………………………… 92
　4.4　石積工 ……………………………………………………………………………… 93
　4.5　雨水排水設備工 …………………………………………………………………… 103
　4.6　石組工 ……………………………………………………………………………… 105
　4.7　その他施設の仕上げ工 …………………………………………………………… 110

Ⅲ部　統合技術

1章　修景効果の向上
　1.1　景観の構成と修景 ………………………………………………………………… 115
　　1.1.1　景観構成要素の把握 ………………………………………………………… 115
　　1.1.2　見え方の特性の把握 ………………………………………………………… 116
　　1.1.3　景観の演出方法 ……………………………………………………………… 118
　　1.1.4　日本庭園における景観の構成 ………………………………………………… 118
　1.2　地形のデザインによる修景効果 ………………………………………………… 122
　　1.2.1　造　形 ………………………………………………………………………… 122
　　1.2.2　法面の処理と緩和 …………………………………………………………… 123
　　1.2.3　斜面の勾配と利用 …………………………………………………………… 124
　1.3　植栽による修景効果 ……………………………………………………………… 124

		1.3.1　空間形成と演出 …………………………………………………………… 124

　　　1.3.1　空間形成と演出 …………………………………………………………… 124
　　　1.3.2　配植による空間演出効果 …………………………………………………… 126
　1.4　園路による修景効果 ………………………………………………………………… 128
　　　1.4.1　園路の構成と修景効果 ……………………………………………………… 128
　　　1.4.2　園路の素材の種類と修景効果 ……………………………………………… 130
　1.5　造園施設による修景効果 …………………………………………………………… 132
　　　1.5.1　擁壁工 ………………………………………………………………………… 132
　　　1.5.2　水景施設 ……………………………………………………………………… 133
　　　1.5.3　管理施設 ……………………………………………………………………… 134
　　　1.5.4　建築物 ………………………………………………………………………… 134

2章　防災機能の向上 ………………………………………………………………………… 136
　2.1　造園空間における防災機能 ………………………………………………………… 136
　2.2　防火植栽 ……………………………………………………………………………… 140
　2.3　避難地・避難路の形成 ……………………………………………………………… 143
　2.4　救援救助拠点の形成 ………………………………………………………………… 145
　2.5　災害応急対応 ………………………………………………………………………… 149

3章　生物多様性の保全 ……………………………………………………………………… 152
　3.1　目標環境の設定 ……………………………………………………………………… 152
　3.2　生きものの導入 ……………………………………………………………………… 155
　3.3　自然素材の導入 ……………………………………………………………………… 157
　3.4　工事における保全措置 ……………………………………………………………… 158
　3.5　樹林環境の形成 ……………………………………………………………………… 161
　3.6　草地環境の形成 ……………………………………………………………………… 166
　3.7　水辺環境の形成 ……………………………………………………………………… 170

4章　温熱環境の緩和 ………………………………………………………………………… 176
　4.1　緑による温熱環境緩和 ……………………………………………………………… 176
　4.2　公園緑地の温熱環境緩和の緑化 …………………………………………………… 181
　4.3　建築緑化による温熱環境緩和 ……………………………………………………… 182
　　　4.3.1　屋上緑化による温熱環境緩和 ……………………………………………… 182
　　　4.3.2　壁面緑化等による温熱環境緩和 …………………………………………… 185
　4.4　温熱環境緩和の舗装等（透水性舗装，保水性舗装，高反射舗装） …………… 187
　4.5　人工芝とウッドデッキ ……………………………………………………………… 191

5章　安全・安心　…………………………………………………………………… 194
　　5.1　公園等における防犯対策 ……………………………………………… 194
　　5.2　安全確保の取り組み …………………………………………………… 195

6章　循環型社会の形成 ……………………………………………………………… 198
　　6.1　温室効果ガスの排出抑制 ……………………………………………… 198
　　6.2　都市における水循環への配慮 ………………………………………… 199
　　6.3　再生可能エネルギーの導入 …………………………………………… 200
　　6.4　廃棄物の抑制とリサイクル材の活用 ………………………………… 202

7章　ユニバーサルデザインと癒しの空間 ………………………………………… 205
　　7.1　ユニバーサルデザインとバリアフリーの推進 ……………………… 205
　　7.2　癒しの場の創出 ………………………………………………………… 206

8章　協働による造園空間づくりへの対応 ………………………………………… 209
　　8.1　公共的な造園空間における住民参加による協働 …………………… 209
　　8.2　発注者と施工者との協働 ……………………………………………… 210

Ⅳ部　資　料

1章　造園施設における材料の特性 ………………………………………………… 215

2章　材料別の性質と劣化傾向 ……………………………………………………… 216
　　2.1　金属材料 ………………………………………………………………… 216
　　2.2　木質系材料 ……………………………………………………………… 220
　　2.3　プラスチック系材料 …………………………………………………… 222
　　2.4　ロープ・帆布・チェーン ……………………………………………… 224

3章　塗装と塗料 ……………………………………………………………………… 226

I部 共通

1章　示方書の適用範囲

1.1　造園施工の範囲

　この示方書が適用される造園施工の範囲は，庭園，公園（都市公園，自然公園，そのほかの公園），様々な緑地の建設工事及び建築物等の屋根，屋上，壁面等の緑化工事，並びに土木施設や土木構造物の緑化工事，更にはこれらの工事の施工後における維持管理と育成管理に関わる業務の全体を含む．

　この示方書では，特に記述がないかぎり，公共造園工事と民間造園工事の種別を問わず，これらの施工範囲において達成するべき空間や環境の機能や性能及び景観の美しさ，その持続性を確保するために必要な一般的な技術の水準とその背景となる基本的な考え方，並びに様々な技術の相互関係や施工の進め方等を含めて記述する．なお，公共造園工事と民間造園工事の区分に基づく記述が必要とされる場合には，その旨を明記する．

【解　説】

　現代の造園施工では，その対象となる空間や環境が拡大しているだけではなく，多様化あるいは複合化していることが大きな特徴となっている．美しく快適な住環境や都市環境を形成する上で欠くことのできない様々な庭園，公園，緑地など，従来からの造園施工の対象に加え，建築物や土木構造物の緑化をはじめ，生物多様性の保全，緑と水による温熱環境の緩和，緑の空間による防災・減災効果への期待も大きくなりつつある．そのため，このように多様な社会的要請に応えるために必要な施工や育成管理のための技術開発も飛躍的に進んでいる．

　造園施工の対象範囲が拡大し多様化することは，土工事，植栽工事，施設工事という伝統的な三つの工種を基本としつつも，これらの工種を適切に組み合わせることによって，初めて達成し得る総合的な技術の体系を構築することを必然のものとしている．この示方書では，これらを造園施工に特有の統合技術として位置づけ，その技術基準となる事項をできるだけ多く収録している．更に，造園施工がなされた場所において，工事の完了後に主として植物が良好な状態で成長し，意図した環境や景観へと成熟するとともに，その状態を持続させるために要する様々な維持管理に関わる技術も施工技術の中に位置づけ，緑地の育成管理技術としてその水準を示している．

　一方，造園施工の対象となる土地の環境条件は千差万別であり，使用する材料も建築や土木の場合のように規格化されるものは少ないため，設計段階における意図を実現するためには，設計と施工の技術者が密接な連携のもとに業務を遂行することが必要である．そしてその成果は適切な育成管理技術の適用によって完成されることになる．つまり，造園の設計から施工を

経て育成管理へと続く一連の業務を一つの連続的なプロセスと考えた場合には，その中心に位置する造園施工の果たす役割が極めて重要であることがわかる．このような理由から，この示方書では，設計との連携，育成管理との連携を念頭に置いた造園施工技術の視点からの記述を重視する．

また，造園施工の範囲の拡大と多様化，複合化を支える高度な技術の開発に伴い，造園施工に関わる全ての技術者は，継続的に専門知識や技能の修得（CPD：Continuing Professional Development）を進め，新たな知識の獲得や技術水準の維持向上に努めることが必要である．

なお，国・地方公共団体等が事業の実施主体となる公共造園工事の場合とそれ以外の法人又は個人が事業主体となる民間造園工事では，工事の進め方や適用される技術基準についての考え方が異なる場合がある．したがって，この示方書では，必要に応じて公共，民間の区分に基づく記述を行うこととする．

1.2 造園施工が参照するべき他の工事の技術基準

実際の造園施工の現場においては，この示方書の対象となる工種以外の工事も実施されることが多い．造園施工に直接関係する他の工事の技術基準としては，主として以下のものについて参照するものとする．
（1）宅地造成工事に関する技術基準
（2）舗装工事に関する技術基準
（3）給排水設備工事に関する技術基準
（4）コンクリート工事に関する技術基準
（5）電気設備工事に関する技術基準

【解　説】
　この示方書では，実際の造園施工において用いられる工種の技術基準を全て網羅的に記述するわけではなく，他の建設工事には見られない造園固有の工種に限定した記述としている．造園施工において特に関連性の強い工事と工種に関しては，原則として以下の技術基準を参照するものとする．
（1）「宅地造成等規制法」に基づく宅地造成に関する工事の方法について具体的な基準を定めることによって，技術水準の確保並びに工事中の災害防止を図るものである．
（2）国土交通省が定める「舗装の構造に関する技術基準」[1]に基づき，主にアスファルト舗装の工事に関わる品質の確保を図るものである．
（3）「建築基準法」に基づく給排水設備の工事の方法について具体的な基準を定めることによって，技術水準の確保を図るものである．
（4）主として土木学会が定める『コンクリート標準示方書』[2]に基づき，コンクリート工事の方法について具体的な基準を定めることによって，技術水準の確保を図るものである．

（5）経済産業省が定める「電気設備に関する技術基準を定める省令」に基づき，電気設備に関する工事の方法について，具体的な基準を定めることによって，技術水準の確保並びに工事中の災害防止を図るものである．

1.3 対象とする工種

　この示方書が対象とする基本的な工種は，土地の形状及び雨水排水並びに植栽基盤に関わる土工事，植物の植栽とそのための準備に関わる植栽工事，植生を維持・育成するための緑地育成，種々の造園施設の施工に関わる施設工事に大別される．この示方書では，これらの工種の一般的な範囲を記述するとともに，これらの工種を総合的に組み合わせることによって達成される統合技術並びに施工後に持続可能な状態を確保するための育成管理技術の範囲を併せて記述する．

1.3.1 土 工 事

　この示方書では，土工事として以下に掲げる工種を対象とする．

（1）土地造形工

　いわゆる切土と盛土のバランスを達成しつつ，人の利用に適した美しく安定した土地の形状を目的に合わせて調整する工事である．

（2）雨水排水・浸透工

　地表面に降った雨を速やかに敷地外に排水するとともに，必要に応じて敷地内において地下浸透させるための工事である．

（3）段差処理工

　高低差のある土地において，地表面を植物によって被覆するために必要な基盤を安定的に形成するための工事である．

（4）植栽基盤整備

　植栽された植物が持続可能な状態で良好に生育するために必要な植栽基盤の断面構造を形成するための工事である．

1.3.2 植 栽 工 事

　この示方書では，植栽工事として以下に掲げるプロセスと工種を対象とする．

（1）植栽準備工

　植栽工事に先立って，円滑な工事の実施と移植される植物の活着並びにその後の良好な育成を可能とするために行う工事である．

（2）植栽材料の選定と調達

　設計意図を十分に反映しつつ，工事が実施される現場を含む地域の気候風土に適合し

た植物を選定・調達する作業である．

(3) 配　植

　　設計意図を十分に反映することができるように，高木，中・低木（灌木），地被類，草本類等を植栽する工事である．

(4) 植栽工

　　高木，中・低木（灌木），地被類，草本類などを植栽するために行う一連の工事の総称である．

(5) 屋上緑化

　　主として建築物の屋上部分に人工的な基盤を準備した上で，植栽を面的に施すための工事である．

(6) 壁面緑化

　　主として建築物の壁面や土木施設の垂直面等に人工的な基盤を準備した上で，植栽を面的に施すための工事である．

(7) 室内緑化

　　主として建築物等の室内において持続的に植物を維持するために必要な基盤と設備を整えた上で植栽を施す工事である．

1.3.3　緑地育成

　この示方書が示す緑地育成とは，主として植栽施工後の植物が良好に成長し，安定した状態で成熟した環境や景観を形成するためのプロセスにおいて適用される，造園に固有の育成管理技術の体系であり，以下に掲げるものを対象とする．

(1) 整姿・剪定

　　高木や中・低木等の形姿を美しく整えるとともに植物の良好な生育を促し，枯損や風倒による事故を未然に防ぐための技術である．

(2) 植栽養生

　　植栽施工直後の植物の活着と良好な生育を促し，夏や冬の過酷な環境に対して植栽を保護するための技術である．

(3) 施　肥

　　植物の良好な生育を促すために適した肥料等を，適切な分量だけ適切な時期に施すための技術である．

(4) 病害虫防除

　　植物の良好な生育を確保するために，環境負荷の少ない安全な薬剤等を用いて病害虫を防除するための技術である．

1.3.4 施設工事

この示方書では，施設工事として以下に掲げる工種を対象とする．

（1）舗装工

　　園路や広場，運動場，駐車場など，主として人が利用し活動するための空間の地表面を整えるための工事であり，土系舗装工，石材系舗装工，園路縁石工を対象とする．

（2）石積工

　　地形の高低差を安定した状態に整えるために行う工事のうち，特に造園施工に特有の野面の自然石を利用して積み上げる工事である．

（3）雨水排水設備工

　　地表面に降った雨水を敷地外に速やかに排水するために必要な水路や管渠，集水桝等の設備を整えるための工事である．

（4）石組工

　　修景を目的とする造園施設の工事のうち，特に造園施工に特有の野面の自然石を組み合わせ，景石として設える工事である．

（5）その他施設の仕上げ工

　　上記した工事の他に，造園施工の対象となる様々な施設の仕上げに関わる工事の全般を指す．

1.3.5 統合技術

　この示方書が示す統合技術とは，土工事，植栽工事，緑地育成，施設工事など，造園施工の基本的な工種を組み合わせることによって，より快適で美しく，安全で持続可能な空間や環境を創出するための高度な技術の体系であり，以下に掲げるものを対象とする．

（1）修景効果の向上

　　地域の気候風土や敷地の特性を活かし，快適で美しく，持続可能な景観を形成するための技術である．

（2）防災機能の向上

　　様々な自然災害や火災等に対する防災や減災の機能を高めるための技術である．

（3）生物多様性の保全

　　主として自然の状態に近似した工法の採用により，生物多様性の保全と再生，創出を実現するための技術である．

（4）温熱環境の緩和

　　主として夏における屋外の暑熱環境を緩和するための技術である．

（5）安全・安心

　　事故が発生しにくい安全な造園施設や防犯性の高い環境を形成するための技術である．

（6）循環型社会の形成
　物質やエネルギーの循環を促進し，自然環境への負荷が少ない生活環境を形成するための技術である．

（7）ユニバーサルデザインと癒しの空間
　年齢，性別，障がいの有無，使用する言語等の違いを越えて，あらゆる人々が安全で快適に利用できる環境を形成するとともに，精神的な安定の確保に役立つ癒しの空間を形成するための技術である．

（8）協働による造園空間づくりへの対応
　多様な利害関係者の参加と協働によって，公園や緑地などの環境づくりを進めるための技術である．

1.4　関連する工事との関係

　造園工事では，多くの場合，「建設業法」に基づいて行われる他の工事と隣接若しくは重複する工事範囲が設定されることになる．このような場合には，それらの工事が造園工事にどのような影響を与えるかをあらかじめ的確に把握し，工事の内容や工程との間で詳細な調整を行うことによって初めて，造園工事が目的とする成果を達成することができることを理解していなければならない．

　造園工事の場合，このような工事相互の調整が最も重要になるものとして，建築工事と土木工事をあげることができる．

　この節では，これらの工事と造園工事の関係について，考慮するべき一般的な事項を記述する．

1.4.1　建築工事との関係

（1）工事範囲の確認
　造園工事の着工に当たっては，建築工事施工者の現場における立会いのもと，それぞれの工事範囲を確認した上で，相互の責任の所在を明確にしなければならない．通常，建築の壁面線若しくは屋根の軒線が建築工事との境界になることが多いが，施工範囲がその境界を越えて重複する場合には特に注意を要する．また，建築物の地下構造物が存在する場合には，垂直方向における断面によって工事の範囲と施工への影響について確認する．

（2）工程と施工スケジュールの調整
　造園工事の施工者は，建築工事の施工者並びに造園，建築工事の設計監理者とともに，円滑な施工を実施できるように工程と施工スケジュールを調整する協議を定期的に行うことを原則とする．多くの場合，造園工事は建築工事による建築躯体の施工が完了

した段階から本格化するが，工事範囲が建築物の内部にまで及ぶ場合には，高木や重量のある石材等を，建設機械の使用が可能な段階で搬入しておかなければならない．また，建築設備計画によって敷設される埋設管や桝，ハンドホール，架空線等の工事との間で，造園施工のタイミングを調整する．

（3）建築構造の確認

建築物のうち，特に地表面より下部に位置する基礎との関係をあらかじめ確認の上，設計図書との間に発生した齟齬のために施工が困難となる場合には，発注者並びに設計監理者と代替案を協議した上で施工を進めるものとする．

（4）建築設備の確認

建築設備のうち，特に地下に埋設された配管類や桝，ハンドホール等の位置と深さを確認の上，設計図書との間に発生した齟齬のために施工が困難となる場合には，発注者並びに設計監理者と代替案を協議した上で施工を進めるものとする．

（5）既存植生等の保全

施工範囲とその周辺において保全するべき既存植生がある場合には，建築工事によって樹木の根茎や主要な枝等に重大な損傷が発生することのないように，建築施工者と協議の上，必要な養生措置を講じる．また，必要であれば仮植地を確保の上で一時的に移植することも保全のための選択肢として発注者に提案することが望ましい．なお，既存樹の枝葉が建築工事の施工に支障をきたす場合には，樹形と樹勢に影響が出ない範囲で整姿・剪定をすることが望ましい．

（6）建築物の緑化工事

建築物の屋根，屋上，壁面等の緑化工事に当たっては，設計図書に示された植栽基盤の仕様が建築構造，建築設備と整合しているかどうかを確認する必要があり，齟齬が発生している場合には，発注者並びに設計監理者と協議の上で施工方法を変更することができる．また，これらの緑化工事は，建築工事の最終段階において施工されることが多いので，十分な工期が確保できるように，余裕を持って施工前の準備にとりかかることが望ましい．

1.4.2　土木工事との関係

（1）工事範囲の確認

造園工事の着工に当たっては，土木工事施工者の現場における立会いのもと，それぞれの工事範囲を確認した上で，相互の責任の所在を明確にしなければならない．通常，土木構造物の基礎の外形線若しくはそこから一定の離隔距離をとった位置が土木工事との境界になることが多いが，施工範囲がその境界を越えて重複する場合には特に注意を要する．また，土木施設の地下構造物が存在する場合には，垂直方向における断面によって工事の範囲と施工への影響について確認する．

（2）工程と施工スケジュールの調整

造園工事の施工者は，土木工事の施工者並びに造園，土木工事の設計監理者とともに，円滑な施工を実施できるように工程と施工スケジュールを調整する協議を定期的に行うことを原則とする．多くの場合，造園工事は土木工事による構造躯体の施工が完了した段階から本格化するが，工事範囲が土木構造物の上部にまで及ぶ場合には，高木や重量のある石材等を，重機の使用が可能な段階で搬入しておかなければならない．また，土木設備計画によって敷設される水路や埋設管や桝，ハンドホール等の工事との間で，造園施工のタイミングを調整する．

（3）土木構造の確認

土木構造物のうち，特に地表面より下部に位置する基礎との関係をあらかじめ確認の上，設計図書との間に発生した齟齬のために施工が困難となる場合には，発注者並びに設計監理者と代替案を協議し，土木構造物の安全性の確保に支障がない範囲において施工を進めるものとする．

（4）土木設備の確認

土木設備のうち，特に地下に埋設された配管類や集水桝，ハンドホール等の位置と深さを確認の上，設計図書との間に発生した齟齬のために施工が困難となる場合には，発注者並びに設計監理者と代替案を協議し，土木設備の機能を確保した上で，それらの維持管理に支障がない範囲において施工を進めるものとする．

（5）既存植生等の保全

施工範囲とその周辺において保全するべき既存植生がある場合には，土木工事によって樹木の根茎や主要な枝などに重大な損傷が発生することのないように，土木施工者と協議の上，必要な養生措置を講じる．また，土木工事によって地表面の雨水排水の経路が変化することによる林床部への影響が懸念される場合においても，同様の措置をとることが望ましい．なお，既存樹の枝葉が土木工事の施工に支障をきたす場合には，樹形と樹勢に影響が出ない範囲で整姿・剪定をすることが望ましい．

（6）土木構造物・土木施設の緑化工事

土木構造物の上部や側面等の緑化工事に当たっては，設計図書に示された植栽基盤の仕様が土木構造物と整合しているかどうかを確認する必要があり，齟齬が発生している場合には，発注者並びに設計監理者と協議の上で施工方法を変更することができる．その際には，土木構造物の強度や安全性に支障が出ることのないように配慮しなければならない．また，これらの緑化工事は，土木工事の最終段階において施工されることが多いので，十分な工期が確保できるように，余裕を持って施工前の準備にとりかかることが望ましい．

I部1章 参考文献

1) 国土交通省（2001）：舗装の構造に関する技術基準について（平成13年6月29日付け国都街第48号・国道企第55号）
2) 土木学会（2012～2013）：コンクリート標準示方書［基本原則編］・［設計編］・［施工編］・［維持管理編］・［ダムコンクリート編］・［規準編］：土木学会，丸善出版

2章　字句の意味

　この示方書の文章表現における文末の字句の意味については，以下の四つの標準を想定し，様々な技術基準の重要度や適用に当たって配慮するべき事項を示すものとする．
（1）…する．…とする．…による．…とおりとする．…しなければならない．
（2）…原則として…する．…を標準とする．
（3）…するのがよい．…することが望ましい．
（4）…してもよい．…することができる．

【解　説】
　この示方書の本文は，文章の末尾の表現によってそれぞれ以下のような意味を有するものとする．なお，解説部分については，より多様な表現方法が可能であることから，この限りではないものとする．
（1）理論上あるいは実務上の明確な根拠に基づく規定がある場合，又は規格や取扱いを統一する必要性から設けた規定がある場合の指示を示す．したがって，明確な根拠や理由がない限り，当該規定に従わなければならない．
（2）工事対象地を取り巻く周辺の環境や状況等によって一律に規定することはできないが，実用上の必要から設ける規定を示す．したがって，規定の趣旨を逸脱しない範囲であれば，必ずしも当該規定に従う必要はないが，場合によっては代替の措置等の提示を求められることがある．
（3）理論上あるいは実務上は規定どおり実施することが望ましいが，工事対象地を取り巻く周辺の環境や状況等により，あるいは簡易な措置を旨とする工種等で，そこまで厳重に規制する必要はないと思われる規定を示す．したがって，特に大きな支障がない限り規定に従うことを原則とする．
（4）本来，厳密な検討を行った上で施工することが求められるが，諸般の事情から工事を簡略化することを旨とする場合に，便宜上，簡便な方法の余地を残した規定を示す．したがって，厳密な検討を行う場合には，それが当該規定に優先する．あるいは，規定が総じて安全側に比重を置いてつくられているため，それをそのまま適用すると厳格にすぎる場合，緩和を許容するための規定を示す．したがって，安全側にすぎることが明らかでない場合には，それの方法が当該規定よりも優先する．

3章　設計と施工

3.1　設計と施工の連携

設計と施工の連携は，品質確保のためにどの建設分野でも必要なことであるが，とりわけ造園では重要な基本姿勢であることを確認しなければならない．

3.1.1　設計と施工の連携の必要性

造園は，不定形な自然素材を用い，施工時になって初めてわかるその土地の自然の状況も読み取りながら，美しく仕上げていく技術である．このような特性があることから，設計と施工が連携した整備の体制としなければならない．

【解　説】

造園は，その土地の自然を可能な限り活かすことが技術的特徴であり，施工時になって初めて明らかになるような立地条件を尊重する姿勢が造園技術の基本にある．また，構成要素が植物や自然石など画一的でないため，設計時に想定した材料がそのとおり調達できるとは限らない．このため，施工時に設計変更が頻繁に起こり得る．更に，審美性が求められる仕上がりや出来栄えは，施工技術により左右されることが多い．

このため，設計時から施工時を通じ，設計と施工が連携して品質を確保することが必要になる．更には，成長する素材を構成要素としているため竣工時が完成ではなく，少なくとも植栽した植物が設計で想定した状態に成長するまで育成する必要があり，設計と施工の連携にとどまらず，維持管理を含めた連携が必要である．

3.1.2　施工に求められるデザインの技量

造園施工においては，その技術的特徴から，設計と施工の連携のもと，施工者においても審美性を持ったデザインの技量を持つことを標準とする．

【解　説】

造園空間は不定形な自然素材を主要な要素とし，自然を活かした手法によって，地域の風土性に基づいた空間づくりを行うことを基本としている．そのため，空間の納まりや仕上がりの美しさ等の美的処理に関わる空間の審美性を重視することが求められている．

仕上がりは，植物や石といった不定形な自然物による「通り」良い仕上がり，「納まり」の良い仕上がり，施設や樹木整姿による「仕上げ」など，部分ごとの仕上がりは全体の仕上がり

に大きく影響を与える．これらは，施工の段階で初めて見えてくるものであり，図面表現が困難な場合もある．したがって，造園施工においては，設計と施工の連携を行ってなお，施工者にもデザインの技量が求められることがある．

3.1.3 設計意図の把握
造園施工に当たっては，施工者は設計の意図を十分把握するよう努め，設計者は設計時から施工時を通じ，設計意図を伝達するよう努めなければならない．

【解　説】
設計者から施工者への設計意図の伝達の手法としては，設計図書に加えてそれを補足する模型，コンピュータグラフィックス（以下，「CG」と言う），スケッチ，施工事例の写真など，様々な媒体を用いる間接的な方法と施工現場における直接的な意志の伝達による方法がある．造園空間整備の特徴を考えれば，コミュニケーションによる方法の中でも特に設計監理による方法が有効である．これらの詳細については，「3.2 設計意図の伝達」，「3.3 設計監理」を参照すること．

3.2 設計意図の伝達

施工時における設計者が担うべき重要な役割には，その一つとして「設計意図の明確な伝達」があげられる．工事着手時の設計説明，工事途中のディテール等の納まりや設計変更に関わる事項などがこれに相当する．細部表現に至る設計者の意図を発注者（施主）及び施工者に対して明確に伝え，三者が共有することにより，造園の本質である細部と，統合された美しい空間としての品質を確保し，無駄のない効率的な工事や設計変更に対するスムーズな対応などが期待できることを認識していなければならない．

設計意図の伝達方法には，以下の四つが考えられる．工事竣工後の維持管理までが一つの設計意図により貫き通されて初めて造園本来の空間価値が評価されることを把握しなければならない．

（1）報告書等による伝達
（2）実施設計図による伝達
（3）スケッチ，模型，CG 等による伝達
（4）直接的なコミュニケーションによる伝達

【解　説】
造園空間における納まりは，設計から施工段階にかけて多面的かつ多様な処理が求められるケースも多く，普遍的な仕様を求めることが困難な場合が多い．例えば，配植における均衡性による納まり，盛土や法面造形における調和やバランスによる納まり，あるいは，景石や石組

における安定性による納まりなどは，現場と図上でのスケール感の違いなど施工の段階で初めて見えてくるものである．

また，仕上がりは，材料への配慮と施工者の技量が求められる重要な要素である．部分ごとの仕上がりは全体の仕上がりに大きく影響を与えることからも設計意図との関わりは大きい．例えば，野面石の色，風合いや，加工石の仕上げ具合等の材料への配慮，崩れ積の積み方など，造園の感覚や印象が大きく作用するものがある．

（1）設計者が発注者の求めに応じて作成する報告書等とは，実施設計に至る考え方をまとめた基本計画報告書や基本設計報告書等の説明書のことであり，空間コンセプト，ゾーニング計画，景観計画，設備計画，植栽計画，施設配置計画，維持管理計画等を記述している．施工時には，これらの計画の全体像を施工者が把握することにより，設計意図から外れた施工を回避するとともに，設計変更時における迅速的な現場判断による対応が期待できる．例えば，展望，眺望，シークエンス景といった景観計画の考え方は，植栽を施工するための重要な伝達内容であり，（2）の実施設計図では読み取りにくい内容である．また，竣工後の維持管理計画を把握しておくことで，図面だけに頼ることなく空間の将来像を見据えた植栽施工が可能である．

このように，実施設計図による伝達だけでなく計画の全体像を把握しておくことは，より設計意図を把握でき現場判断による業務の効率化が期待できる．また，基本計画から実施設計までの各設計業務から施工に至る一連の業務に対して，設計意図は一貫されなくてはならない．その場合，各業務において発生する設計変更の理由，対処，見直し等の内容を文書や図面として残すことにより，既存業務との整合性を図っておく必要がある．

（2）施工者への設計意図の伝達は設計図書で行われることが一般的である．設計図書とは数量とともに実施設計図，特記仕様書などの工事に必要な図書類であり，施工を行うための主要な指示は全て実施設計図に表記する必要がある．特に意匠表現について，例えば，舗装の敷設パターンや目地割，縁石の出隅や入隅の納め，ウォールの端部処理，また，野面石や割石等の不定形な素材を使用した石積では，使用する石の特性に配慮した積み方，天端，端部，出隅，入隅の納め，目地処理など，施工計画に関わる情報については詳細に図面化する必要がある（「**解説図Ⅱ.4-12　崩れ積工**」等を参照）．

また，自然風流れ，城石積，生物多様性など熟練した施工者を必要とする工種については，その旨を特記仕様書に明記し施工条件とすることも，設計意図の伝達において重要なことである．

（3）石や植物などの不定形な素材によって空間をつくるという造園特性において，三次元の空間を二次元のCAD図面で空間を表現するには限界がある．例えば，池や流れの石組，景石，土の造形，景観木や添景木といった，細部で構成され統合された造園空間については，その表現方法として，空間断面を合わせたスケッチ等を実施設計図に参考図として添付するなど，造園特有の図面表現により設計の意図するイメージを伝達することが望ましい．

また，模型やCGは空間を把握する上で有効な技法であり，特にCGにおいては，360°視

点からの表現，樹木の成長や季節の移り変わりに伴う表現，また，設計の意図する将来の空間まで経年的にシミュレーションできることからも，施工から育成管理に至る一連の設計意図伝達ツールとして利用されることが期待できる（**解説写真Ⅰ.3-1**，**解説図Ⅰ.3-1 参照**）．

解説写真Ⅰ.3-1　設計意図を伝達する媒体としての模型

解説図Ⅰ.3-1　設計意図を伝達する媒体としてのCG

（4）造園工事の特性の一つである植栽や石などの不定形な自然素材の納まりや仕上がりは，その場その場での美的処理の方法であり，予想が困難な場合も多く，必ずしも設計図書に反映できないケースがある．スケッチ等で細部又は全体をシミュレーションすることはできるが，設計の意図する形状の樹木や景石が，施工の段階で現場スケールの中にうまく納まらない場合もある．

　また，樹木の植え方や景石の据え方など，施工技術により仕上がりや出来栄えが左右されることもある．特に空間づくりの骨格ともなる土の造形においては，その造形技術をはじめ現場周辺との連続性や空間のボリューム感は施工の段階で初めて見えてくるものである．それらを補うために，施工者は，発注者・設計者の参加による「設計意図説明会」や「設計監理」等によって直接的又は間接的にでも設計意図を把握する担当者が現場に関与する際に，コミュニケーションを図ることが重要である．

設計者が発注者や施工者と直接協議しコミュニケーションを図ることにより，設計意図の正確な伝達と適切な指示，設計変更に伴う柔軟な対応などを可能とし，合わせて，施工品質の確保及び施工業務の効率化が期待できる．

3.3 設計監理

設計の意図を造園施工に反映しつつ高い施工品質を獲得し，発注者の利益を確保するためには，原則として施工段階においては，設計者が設計監理業務を行う．なお，公共造園工事等において，施工段階になって別途設計監理者が置かれる場合においても，設計者は設計監理者の業務を補助することが望ましい．

設計者が施工の段階において監理を実施するべき事項として，使用する材料の選定，施工図の確認，変更指示図の作成，施工時の立会い，出来形の確認と検査等をあげることができる．また，これらの業務を包括的に実施する上で，施工現場において設計監理に関わる会議や打合せを定期的に行うことを標準とする．

【解 説】

植物と石材の材料選定のあり方については，「**3.4 植物材料の検収**」及び「**3.5 石材の検収**」においても解説がなされているので，それらを参照すること．ここではそれら以外の監理業務の内容，設計者が行うべき設計監理業務の範囲と責任，及び施工者による設計監理業務への対応のあり方を示す．

（1）設計者による設計監理の必要性

造園施工においては，実際の施工を行うために必要な情報を漏れなく設計図書に記載することは困難であり，また，施工者に対して着工前に行われる設計意図の伝達についても，図面や模型等の媒体によることには限界がある．更に，設計段階における与条件の施工段階における変更・修正も頻繁に起こり得ることである．このようなことから，設計の意図を施工

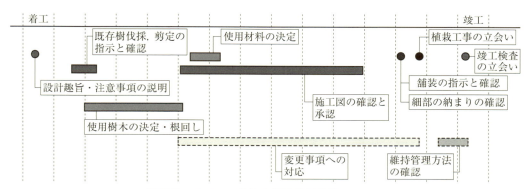

解説図 I.3-2 一般的な設計監理業務のフロー

に反映しつつ高い施工品質を獲得し,発注者の利益を確保するために,原則として施工段階における設計者による監理業務を行うものとする(**解説図Ⅰ.3-2参照**).

なお,公共造園工事等にあっては,工事の発注者の側に帰属する技術職員が設計監理若しくはそれに類する業務を実施する場合や,第三者を設計監理者として指名する場合がある.これらの場合にあっても,設計の意図を的確に反映するために,設計者は設計監理者の業務を補助することが望ましい.

(2) 施工者の使用する材料等に関する設計者による承認

 ⅰ. 施工者は,発注図に記載されている材料等の仕様について,設計者が求める項目について実物のサンプルや写真等を提示し,承認を得ることとする.その後,必要であれば承認されたサンプルを用いて,設計者から発注者に対し,素材の組合せ等を含め全体の色調やテクスチャー等に関する説明を行う.

 ⅱ. 特記仕様書や発注図にモックアップ(試験施工物)作成の記載があるものについてはこれを製作し,設計者の承認を得なければならない.また,そのような記述がない場合でも,材料選定の段階で必要があれば,発注者,施工者と協議の上でモックアップの作成を実施することができる(**解説写真Ⅰ.3-2参照**).

解説写真Ⅰ.3-2 施工現場における石材や舗装材の取り合いと
色調等を確認するためのモックアップ

(3) 施工者によって提示された施工図の設計者による承認

 ⅰ. 施工者は,発注図をもとに施工するために必要な情報を盛り込んだ施工図を作成し,設計者の承認を得るものとする.建築工事や設備工事が別途発注されている場合であっても,施工者間で情報を共有し,同一の図面に各種工事の情報を統合し,工程,取り合いを確認する.

 ⅱ. 特に電気設備や機械設備の埋設物やハンドホール等との取り合いについては,図面上で事前に位置関係を確認する必要がある.埋設配管などは径や深さ情報も記載し,特に高木の根鉢や擁壁など構造物の基礎との取り合いを確認する(**解説図Ⅰ.3-3参照**).

3章　設計と施工

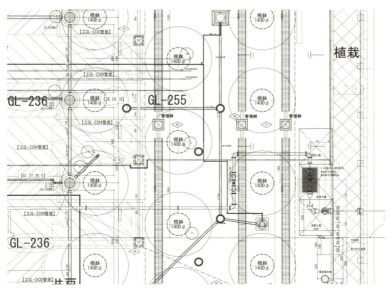

解説図 I.3-3　配管施工図による地下埋設の配管経路と高木根鉢との取り合いの確認

　ⅲ．舗装においては，材料の割付や必要な目地を表現し，桝やそのほかの構造物との取り合いを確認する．各工種との取り合いの調整によって微細な変更が生じた箇所について，設計者が調整結果を施工図上で確認し，意匠的・機能的に妥当かどうか判断する．

（4）設計者による施工時の立会いと検査の実施
　ⅰ．設計監理者と施工者は，施工時に設計者による立会いが望ましい事項をあらかじめ確認し，工程の中に明確に位置づけることが必要である．具体的には，乱張りの石舗装，景石の据付け，石の乱積，滝の石組，高木の植栽，低木や地被類の混植など，標準的な詳細図の情報だけでは施工者の技術によって仕上がりが変わってくるものについては，実際の現場の施工状況を設計者に確認し，設計意図通りであるか，確認しながら施工を進めていくことが望ましい．
　ⅱ．施工の中間段階並びに最終段階においては，発注者による検査に先立って設計者による検査を実施し，想定される修正箇所等への対応を行うことが望ましい．また，設計者は発注者による検査に立会い，必要な説明等を行うことが求められる．

（5）施工現場における設計監理定例会議の実施
　ⅰ．着工後には，施工現場において施工者と設計者が定期的に打合せをする設計監理定例会議について，民間工事では実施することを標準とし，公共工事でも実施することが望ましい．各回の議題には，施工現場の確認，工程の説明，材料の選定，施工図並びに変更指示図のやりとり等を含めるものとする．
　ⅱ．設計監理定例会議のほかにも，工期中には施工者と設計監理者との間で，適切なタイミ

ングで必要なやりとりが行えるような環境を整える．特に発注時の与条件が工期中に変更になり，設計変更が必要な場合は速やかに設計者に伝え，対応方策を打合せすること．例えば先に施工されている建築物が当初の図面とは変更されている場合や，敷地の現況や敷地境界が発注図と異なる場合，更には行政協議の結果に変更がある場合等があげられる．そのような場合は，施工者は新たな条件のもとで発注者並びに設計者と協議し，設計変更に対応する．

3.4 植物材料の検収

植栽工事は，造園施工に特有の工種であり，求められる環境や景観の出来形を左右する重要なものである．特に，植栽工事に使用する植物材料の実体は，設計図書等に記載された数値や抽象的な図で表現しきれるものではないため，その選定に当たっては，原則として設計監理者自らが圃場等に出向いて現物を確認の上，決定することとする．

一方，施工者は，設計監理者による検収業務が円滑に実施できるように，原則として以下の事項において適切な対応をしなければならない．

3.4.1 設計監理者による植物材料の検収業務

設計監理者は，植物材料の検収業務に当たって，原則として以下の事項を重視する．
（1）材料検収に先立ち，設計者は施工者との間で竣工時のイメージのすり合わせを行うことが望ましい．
（2）原則として生産地の圃場における検収に立ち会うものとする．
（3）材料決定した樹木の樹形等に基づき，植付け施工の前に配植図を作成し，施工者へ具体的な配植位置を伝達することが望ましい．

【解　説】
（1）一本で景をなすもの，複数の組合せによって景をなすもの，また周辺からの見せ方など植栽計画に関する設計意図を，設計図書をもとに解説し，使用する植物材料の空間的な位置づけを施工者へ伝達することで，使用材料の選定基準を明確にする．
（2）植物材料の検収基準として，主として公共造園工事で適用される「公共用緑化樹木等品質寸法規格基準（案）」[1]がある．内容は品質規格や寸法規格に関するもので，材料検収は植物材料の現場搬入時において行われ，同基準は工事現場に持ち込んだ際の現場検収時において適用されるものである．そのうち寸法規格については工事現場内で計測可能であるが，樹姿や樹勢を判断する品質規格に関して細かく判断するためには，生産地の圃場における状態も加味する必要がある．現場検収時に基準を満たさない場合は再度材料選定からやり直すこととなり，工事スケジュールに遅延をきたす可能性もあることから，現場に搬入する前に生産地の圃場においても事前の材料検収を行うことが望ましい．また，その際には原則として

設計監理者も検収に立ち会うものとする．写真判定も有効な手段ではあるが，樹木の全体像を正確に判断するためには実際に現地で確認をした方がわかりやすい．

　植物材料は自然素材であるため，上記基準に適合するものであっても個体差がある．その個体差を見極めて具体的な配植場所を想定しながら材料を選定する作業は，設計者を交えて行った方がより設計意図を反映した植栽計画が可能となる．また，樹林や生垣を形成する高木・中木植栽や低木・地被類など，群としてのバランスを重視する植栽については，設計監理者は全数確認しなくとも，その場に適したものを数本選定し，それを標準品として残りの数量確保を施工者へ委ねる方法もある．工事スケジュールの短縮にはこの方法が有効となる場合もある．その際には，選定した標準品の選定意図を明確に施工者へ伝達しなくてはならない．

（3）選定した材料の樹形等を詳細に吟味した上で，実際に施工現場でどのように組み合わせ，どの位置に植え付けることが適当であるかについて，事前に施工者へ伝えることが重要である．それによって，施工者は効率の良い工程を組み立てることが可能となり，結果的に工期の短縮を実現することができる．

3.4.2　植物材料の検収業務において施工者が対応するべき事項

　植物材料の材料検収において，施工者は原則として以下の事項において適切な対応をしなければならない．

（1）発注図に示された規格に適した樹木等の属性（樹種，樹高，枝張，幹周，花色等）にしたがって，適切な生産地を選定する．

（2）全体的な工程における植栽工事の時期に合わせ，適切な検収スケジュールを設定する．

（3）現地における検収に先立って，対象となる個体が健全であることを確認する．

（4）求められる数量に対して余裕を持たせた検収対象を用意し，現地において選択性のある検収材料の確認が可能となるように配慮する．

（5）材料決定した樹木は現地で撮影した画像と番号等で管理し，その所在と属性を明確にする．

【解　説】

（1）植栽地の気候条件を考慮した上で，発注図に記載された属性の植物を必要な数量確保できる生産地を選定しなければならない．また，生産地から施工現場までの搬送距離についても，可能な範囲で短縮できることが望ましい．

（2）根回し等の事前の作業が必要な植栽材料は，根回しをしてから移植するまでの間に夏の生育期間を経る必要がある．そのため移植工事の時期を勘案した検収工程を立案することが必要である．また，落葉樹や花木の場合には，葉や花がついている時期に検収を行うことが望ましい．

（3）設計図書に示す形状寸法を最低値とし，その数値以上の規格のものを選定しなければならない．また，品質については，樹形（枝葉のバランス等）や樹勢（生育状態や病害虫の有無）に留意した選定を行うこととする（Ⅱ部「**2.2 植物材料の選定と調達**」参照）．
（4）発注図に記載された数量よりも多めに規格適合材料を候補として確保しなければならない．これにより，現地における設計監理者を交えた選別作業において，より設計意図に即した材料を選抜することが可能となる．また，不適格となった個体の代替候補を再度選定する際の工程を短縮することができる．
（5）特に高木や中木類において決定した樹木材料を現地で撮影した画像と番号で管理することで，具体的な植栽位置が決定するまでの間，その所在を明確にすることができる（**解説写真Ⅰ.3-3** 参照）．

解説写真Ⅰ.3-3　苗圃における樹木の材料検収

3.5　石材の検収

　石材は，植物材料とともに造園工事の中で求められる環境や景観の出来形を左右する重要なものである．特に，石工事に使用する材料の実体は，設計図書等に記載された数値や抽象的な図で表現しきれないものが含まれる場合があり，その選定に当たっては，原則として設計監理者自らが石材のある場所や加工場に出向いて現物を確認の上，決定することとする．
　一方，施工者は，設計監理者による検収業務が円滑に実施できるように，原則として以下の事項において適切な対応をしなければならない．

3.5.1 設計監理者による石材の検収業務

設計監理者は,石材の検収業務に当たって,原則として以下の事項を重視する.
(1) 材料検収に先立ち,設計者は発注図に示された石材の色味や仕上げ加工の程度について,カラー写真等の補足資料を提示し,施工者との間で竣工時のイメージのすり合わせを行うことが望ましい.
(2) 石材の形状と用途に応じて材料検収の形式を前もって施工者へ指示する.
(3) 石材のある場所あるいは加工場における検収に立ち会うことが望ましい.

【解 説】

(1) 石材は自然素材であるため,同一材料であっても採取される地域によって色味やテクスチャーに差異があるものが多い.また,仕上げについては割肌やノミ切り等の場合,手作業による場合はもとより,機械を用いた場合でも加工者によって差異が発生するため,詳細なイメージについては指示が必要となる.そのためカラー写真等を提示することで,そのイメージを施工者に明確に伝えることが望ましい.

(2) 野面石などの不定形な石材を用いる場合や,加工石などの定形な石材を使用する場合でも造形的なものや大小を組み合わせて使用する場合などは,石の選定や仮組み等が必要となり,その際の材料検収は,工場や採取地に設計監理者が立ち会うことが望ましい(**解説写真 I.3-4参照**).特に野面石などの場合は,設計図書に示す寸法規格を参考値として,その形状に近似する石を選定することから始まる.また,景石や石組などでは,選定した材料のどの面を主景として活かしていくかの判断も必要となる.

解説写真 I.3-4 石材の加工場における石の仮組みによる検査

初めから目的とした属性（形状，寸法，色味，テクスチャー等）を具備した材料が存在する保証はないため，設計意図を反映しつつ施工性も加味した総合的な判断が必要となる．その際には，施工者だけではなく，設計監理者を含めた調整が必要である．

　また，施工現場内ではスペースに制約があるため，石材の加工に当たっては工場などである程度の処理を施す必要がある．その際にも設計監理者と施工者の双方が工場で材料の検収を行って，綿密な調整を図る必要がある．

　一方，定形で均質な材料を大面積で使用する舗石や縁石，擁壁等の石張などの場合は，施工現場あるいはその近在にある程度の大きさで用意したモックアップにより，材料検収を行うことができる．

（3）石材の品質確保については，その欠点について JIS 規格（JIS A 5003「石材」）に定義づけられているが，修景的な石工事が多い造園施工においては，規格上の欠点となる属性を素材の個性として積極的に取り入れる場合がある．その判断は設計者及び施工者，発注者を交えて総合的に判断しなければならないため，状況に応じた調整が必要である．

3.5.2　石材の検収業務において施工者が対応するべき事項

　石材の材料検収において，施工者は原則として以下の事項において適切な対応をしなければならない．

（1）発注図に示された規格に適した石材の属性（石種，寸法，加工性等）にしたがって，適切な生産地を選定する．

（2）全体的な工程における石工事の時期に合わせ，適切な検収スケジュールを設定する．

（3）検収の実施に先立って石材のカットサンプルを提示し，段階的な確認作業を通じた効率的な検収を行う．

（4）求められる数量に対して余裕を持たせた検収対象を用意し，現地において選択性のある検収材料の確認が可能となるように配慮する．

【解　説】

（1）求められる形状，寸法，品質を安定的に調達できるかを確認し，加工が必要な場合は，工場の規模や機材設備の状況，加工を担当する職人の技術水準，仮組みなど仮施工が可能な用地が確保できるかなどについても判断材料として生産地を決定する．

（2）施工現場における施工時期と工場での加工期間を勘案した検収スケジュールを設定しなければならない．また，材料によっては海外からの輸入品を用いることもあるため，その際は輸送と税関手続等にかかる期間を含め，事故等の不測の事態にも対応できる日程を設定する必要がある．

（3）検収の対象とする石材の現品をカットサンプルとして提示し，検収に先立って設計者とイメージを共有することが望ましい．その際には，石種はもとより，色味や加工方法等についてできるだけ多様な選択肢を示すべきである．なお，カットサンプルは，可能な限り発注

図の割付け寸法に近い大きさのものを用意することが望ましい．
（4）発注図に記載された仕様の石材に加えて，色味や仕上げ方法が異なる複数の候補材料を用意することにより，より設計意図に即した石材を選抜することが可能となる．また，候補とした石材が不適格となった場合にも，代替候補となり得る石材をあらかじめ用意しておくことによって，施工スケジュールに支障をきたすことなく，円滑な工程管理ができる．

3.6　バリューエンジニアリング

　造園施工に限らず，設計から施工へのプロセスにおいては，建設工事に関わる市場価格の変動を含め，設計段階において想定できない状況の発生や，新たに開発された技術の採用が可能となることがある．創出される空間や環境の機能や性能とコストの関係を見直すことによって，与えられた条件のもとで費用対効果を最大のものとするためにバリューエンジニアリング（以下，「VE」と言う）を実施し，設計者と施工者が協力し，有効な代替案を採用することが望ましい．この節では，設計の意図や機能，性能を損なうことなく，価格や市場性に適合した代替案を提示する際に，設計者と施工者が配慮するべき以下の事項並びに，その過程における両者の調整のあり方について示す．

3.6.1　前提としての設計意図，機能，性能の的確な把握
　施工者と設計監理者は，VEを提案する際の前提として，設計の意図や求められる機能，性能等について，的確に把握しなければならない．

【解　説】
　施工者がVEを提案する際には，設計図書に記載された仕様の機能や性能，設計意図を的確に把握しなければならない．設計意図については，発注図だけでなく，コンセプトやテーマを理解する必要があることから，着工時における設計者から設計意図伝達の場でそれらを確認するだけではなく，その後に基本計画報告書や基本設計報告書の内容を参照することが望ましい．各要素の設計意図については，VEに関する設計者との協議の際に個別に確認してもよい．一般的なVE提案の流れは**解説図Ⅰ.3-4**を参照のこと．
　機能や性能については，発注図にある仕様が基準となる．機能や性能が同等でコストが下がる，若しくは機能や性能がそれ以上でコストが同等の際には，代替案を提案することができる．求められる強度や構造はその目的によって項目ごとに異なるが，耐久性については共通して問われることに注意する必要がある．また，発注図にある仕様が設計段階で決定される要因の一つに各種基準や行政協議の結果がある場合には，これらの経緯については，設計者に確認しなければならない．

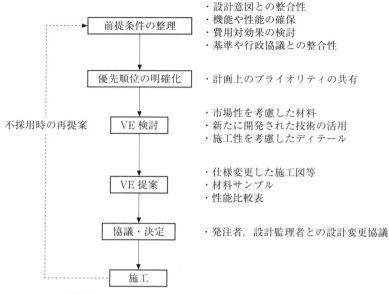

解説図 I.3-4　一般的な VE 提案のフローと留意事項

3.6.2　代替案提示における優先順位の明確化

VE による複数の代替案を提示する場合には，どの代替案が優先されるべきか，原則としてその優先順位をあらかじめ明確にする．

【解　説】

VE の目的は，その結果として創出される空間や環境の価値が増大し，費用対効果が高まることにある．多くの場合は，VE によって各要素を平均的にバリューアップするよりも，最も高い効果が期待できる部分に注力することが望ましい．その際には，バリューアップの要点がどこにあるかについての認識を，発注者，設計者，施工者間で共有し，優先順位を明確にしておくことが有効である．

一方，施工者は，発注者や設計者とは異なる情報と経験を活かし，施工者であるからこそできる VE 提案があることを踏まえ，積極的な対応をすることが望ましい．具体的には，「現在の市場性を考慮し合理的に調達できる材料の提案」や「効率的な施工による工期の短縮等を実現するための提案」などをあげることができる．

3.6.3　代替案提示における発注者・設計者との協議

VE による代替案に関する協議，決定においては，客観的な判断が可能となるような資料を施工者が用意し，それに基づいて説明を行うことが望ましい．

【解　説】
　施工者がVEによる代替案を提示する際には，仕様変更を反映した施工図とサンプル並びに発注図の仕様と比較した性能表を示さなければならない．その際には，変更後の材料が変更前よりも性能が同等かそれ以上になっていることが条件となることを認識しておくことが必要である．

　VE提案に当たっては，変更によるメリットがどこにあるのかを客観的に説明し，発注者と設計者に採用可否の判断を仰がなければならない．また，公共造園工事においては諸手続の上，設計図書の変更を行う．

　なお，提案したVEの内容が採用されなかった場合は，その理由を的確に捉え，更なる代替案を提示することができる．

I部3章　参考文献

1) 日本緑化センター編集（2009）：公共用緑化樹木等品質寸法規格基準（案）の解説―第5次改訂対応版（国土交通省都市・地域整備局公園緑地・景観課緑地環境室監修）：日本緑化センター

4章　施工と維持管理

4.1　施工と維持管理の連携

施工段階において竣工後の維持管理のことについて配慮することは，どの建設分野でも必要なことであるが，特に竣工後の時間経過によって目標とする環境や景観を形成することが必要となる造園施工では，品質確保のためにとりわけ重要な基本姿勢でなければならない．

4.1.1　施工と維持管理の連携の必要性

植物材料を多用する造園では，竣工後の適切な維持管理を経て初めて，成熟した空間や環境の形成を達成することができる．そのためには，将来的な維持管理のあり方と連携することを念頭に置いた施工を実施しなければならない．

【解　説】

造園空間では，施工が完了した時点において目標とする環境や景観ができあがっていることはごくまれなことである．多くの場合，竣工時から始まる育成管理のプロセスを経て，成熟した空間をつくりあげていくことが必要であり，それこそが，他の建設工事と比較した場合の造園施工の大きな特徴であることを，施工者は認識していなければならない．特に，植物材料を多用している場合には，植栽後の植物個体の良好な生育を保証するために必要な植栽基盤の形成や十分な生育スペースの確保は，最も重要な事項である．

また，着工に先立って竣工後の維持管理の水準がどの程度期待できるかについても把握した上で，それに適合した施工方法を実践することが必要である．そのためには，発注者や設計者だけではなく，将来の維持管理者を含めた綿密な協議や情報交換を行うことが望ましい．

4.1.2　空間の成熟を読み込んだ施工

造園施工においては，竣工後の時間経過によって成熟する空間や環境のあり方をあらかじめ読み込んでおくこととする．特に，設計の意図を十分に反映しつつ，植物材料の成長によって達成される環境や景観のイメージを明確にした上で，施工を進めることが望ましい．

【解　説】

植物材料を多用する造園空間では，施工が完了した時点において目標とする環境や景観を実

現しようとすると，ある程度成長した材料を密度高く植栽することにならざるを得ない．しかし，そのような状態では移植後の植物個体に大きなストレスが発生し，活着率の低下や本来の生育が阻害される結果をもたらすため，かえって維持管理の手間やコストが大きなものになる．また，植物以外の材料によって構成される空間とのなじみは，多くの場合は時間の経過に伴う植物の成長によってもたらされるものである．そこで，竣工後の時間経過によって目標とする環境や景観を達成することを前提として，植物材用の成長を見込んだ施工を実施することが必要である．

そのためには，着工前にとどまらず，施工途中においても設計者との意思疎通や現場でも協議等を綿密に行い，目標とする空間のイメージを共有した上で，注意深く施工を進めることが求められる．

4.1.3 維持管理を見据えた施工

造園施工において，施工者は，設計の意図を十分に反映しつつ，竣工後の維持管理業務が適切に実施できるように配慮した施工を進めることが望ましい．

【解　説】

造園施工の竣工直後から始まる維持管理の業務は，目標とする環境や景観を創造するために必要欠くべからざる業務である．したがって，実際に工事を進める段階においては，維持管理業務が長期にわたって効率的かつ安全に実施できるような状態を確保するために，適切な配慮が求められる．そのためには，施工者はどのような維持管理業務が発生するのか，それらがどのような方法によってどの程度の頻度で実施されるのかを，あらかじめ熟知していなければならない．

竣工後の維持管理業務には，大きく分けて三つのカテゴリーを想定することができる．すなわち，清掃，灌水，除草など年間を通じて実施されるもの，施肥，病害虫防除，枝抜剪定など季節ごとに実施されるもの，部材の交換や大規模な基本剪定など数年に一度の頻度で実施されるものがある．これらの維持業務が効率的かつ安全に実施できるように，作業従事者のアクセスや作業スペースの確保が可能となるように施工しなければならない．むろん，設計の段階においても，こうした配慮がなされていることが前提ではあるが，施工の段階において維持管理に不都合が生じる可能性が指摘された場合には，発注者並びに設計監理者と協議の上，設計意図を十分に反映できる範囲において，現場での部分的な変更を提案することができる．

4.1.4 維持管理に求められるデザインの技量

造園施工後の維持管理業務においては，その技術的特徴から，設計者と施工者との連携のもと，維持管理者においても審美性を伴うデザインの技量を持つことを標準とする．

【解　説】
　植物材料を多用する造園施工では，設計意図を反映した環境や景観の状態を竣工直後に達成することは困難である場合が多い．また，圃場での材料の検収（「**3.4 植物材料の検収**」参照）を厳密に実施したとしても，実際に施工現場に搬入された植物材料が，設計意図を完璧に反映するものであることはまれである．造園空間では，このような設計段階と施工段階の間で発生するイメージのギャップは，維持管理において克服することが期待されている．
　例えば，設計段階においてイメージされていた理想的な樹形が施工段階で実現できていないとしても，維持管理段階において注意深く整姿・剪定を繰り返すことによって実現することができるであろう．更には，植物の成長が進むにつれて，設計段階において想定していなかったような問題が生じることや，逆により優れた意匠的な効果が期待できることもあることから，それらに植栽の維持管理を通じて対応していくことが求められる．
　いずれの場合においても，発注者，設計者，施工者との十分な協議を行うことを前提としつつ，維持管理者にも相応のデザイン的な技量が求められることを認識していることが必要である．

4.2　施工者による維持管理への関わり

　施工者は，施工後の維持管理の段階についても，何らかのかたちで関わり続けることが望ましい．特に将来的な植物の成長によって成熟した空間や環境を整える上では，施工段階において配慮した事項や維持管理において留意するべき事項等を踏まえた対応が必要である．また，将来的な維持管理者が決まっている場合には，維持管理者は施工者から提供される情報の内容を確認し，可能であれば，施工段階から現場における状況を把握しておくことが望ましい．
　施工者と維持管理者は，竣工から維持管理業務までが一つの創造的な意図に基づいて実施されて初めて，造園本来の空間価値が評価されることを認識していなければならない．
　施工者による維持管理業務への関わり方については，以下の三つの事項が想定される．
（1）施工段階における将来の維持管理者との協議
（2）施工状況に関わる諸情報の提供
（3）施工者による維持管理業務の実施

【解　説】
（1）造園施工に当たっては，着工の時点において将来的な維持管理者が特定されていることが望ましく，制度的にそれが困難である公共造園工事の場合においても，施工者自らが維持管理者となった場合を仮定しておくことが推奨される．施工の段階においては，維持管理者との協議において，以下のような事項についての情報を共有し，必要な提案をしておくことが重要である．

ⅰ．将来の維持管理水準の把握

施工者は，竣工後の維持管理がどの程度の水準でなされる予定であるのかを着工に先立って確認した上で，必要であれば施工段階でそのことに配慮した措置を講じることが望ましい．

ⅱ．維持管理者からの提案への対応

施工者は，維持管理者が施工に先立って，将来的な維持管理若しくはそれを代替する立場から，効率的な維持管理業務の遂行に当たって必要な措置を提案する場合，これに対応することが望ましい．

ⅲ．維持管理業務への提案

施工者は，施工状況に応じて，竣工後に特に必要となる維持管理上の配慮事項を把握した上で，維持管理者と協議し，具体的な提案を行うことが望ましい．

（2）造園施工のプロセスにおいては，様々な原因により設計通りに施工が実施できない場合が発生する．また，施工者の立場から，より適切な施工方法等を選択する場合もある．そのような場合には，実際の施工状況についての情報を施工者が的確に把握し，将来の維持管理者に伝達することが必要である．具体的には，特に施工状況に関わる以下の事項についての情報を提供することが望ましい．

ⅰ．地下埋設物の情報

施工者は，施工が完了した状況のもとでは視認することが困難な地下埋設物に関する情報を提供し，維持管理に支障が発生しないように配慮することが必要である．

ⅱ．植栽基盤の情報

施工者は，植栽土壌の深さや給排水設備などの植栽基盤がどのように施工されているかについての情報を提供し，特に竣工後の植栽等の維持管理が適切に実施できるように支援をすることが望ましい．

ⅲ．竣工図の提示

施工者は，工事の完了に当たって，実施設計図をベースとしつつ，施工段階で自ら作成した施工図等も含めて，実際の施工状況を的確に反映した竣工図を整え，発注者並びに維持管理者に提供することが必要である．

（3）造園施工では，目標とする環境や景観を達成する上で，工事中と竣工後の維持管理を一体的，連続的に実施することが極めて効果的である．特に植栽に関しては，竣工直後からの数年間にわたる適切な維持管理のあり方が，その後の植物の良好な成長と持続可能な環境を実現する上で極めて重要な影響を与える．

また，発注者と施工者の間で交わされる「造園工事請負契約約款」等において，いわゆる施工者による枯補償などの条項がある場合には，施工直後の植物の活着や生育状況についての施工者の責任が明文化される．そのような観点からは，施工状況を直接的に把握している施工者によって，初期の維持管理業務全般がなされることが望ましい．施工者がそのまま維持管理者となることが制度的に難しい公共造園工事の場合や，施工段階において維持管理者

が決定できない場合には，維持管理業務の発注において，施工者による情報提供や施工者との協議に基づく業務の遂行等を特記仕様書等において明確に規定しておくことができる．

4.3 育成管理計画の提案と検証

　設計の意図を施工に反映しつつ，適正な維持管理を経て美しい景観の形成や求められる機能を実現し，発注者の利益を確保するためには，施工後に空間や環境を整えていくための育成管理計画を策定しておくこととする．

　育成管理計画は，主に植栽された植物材料の良好な成長を前提として，成熟した空間や環境を実現するために必要な作業や配慮するべき事項を主要な内容としつつ，それらをどのようなプロセスを経て遂行していくのか，竣工後の時間の経過に基づいていくつかの段階ごとに分けて構成しなければならない．策定に際しては，発注者，設計者，施工者，維持管理者の四者の協議によることが望ましい．また，育成管理業務の成果についても，現場において定期的に検証，評価することが望ましい．

　育成管理計画において検討し提案するべき事項としては，以下の三つが想定される．

（1）設計意図の育成管理への反映
（2）段階的な育成管理計画の提案
（3）定期的な育成管理状況の検証

【解　説】
（1）造園空間は，設計から施工を経て維持管理に至る一連のプロセスを経て初めて，良好な環境や景観が形成され得るものであり，施工後の維持管理において設計の意図が的確に反映されることが必要である．そのためには，施工後の維持管理という業務の範疇を越えて，発注，設計，施工，維持管理に携わる四者の協働による，より積極的な育成管理への意識を高めていくことが望ましい．このことを具体的に実施し，実効性を高めるための方法としては，（2）で述べる段階的な育成管理計画の提案と，（3）で述べるその後の定期的な育成管理状況の検証を行うことが効果的である．

（2）施工直後からの育成管理計画においては，主に植栽直後の植物の活着促進と良好な初期成長の確保に始まり，その後の管理業務を通じて，長期的に持続可能な植生として成立させるための方法を，おおむね以下に示す三つの段階に従って示すことができる．なお，この育成管理計画は，設計者の主導のもとに，施工者と維持管理者を交えた協議を経て立案し，提案することが望ましい．それぞれの育成管理の段階において実施するべき事項を，以下に記述する．

　　ⅰ．初期的な育成管理
　　　おおむね竣工後5年間程度の期間を想定し，灌水，除草，施肥，病害虫防除など，主として移植直後の植栽の活着並びに良好な初期成長を促進するための維持管理作業，及び施

工後に発生した機能的，景観的な問題点を是正するための措置を実施する．また，この期間に発生した枯損並びに著しく成長が不良となった植物の植替え等を行う．

ⅱ．中期的な育成管理

　　おおむね竣工後5年から15年程度の期間を想定し，活着した植物の整姿・剪定並びに成長にアンバランスが認められる個体の植替え等により，目標とするイメージへと誘導する維持管理作業を実施する．更には，初期の育成管理の段階において発生した問題は，この期間を通じて是正することが望ましい．また，植物以外にも，定期的に交換が必要な部材や設備の更新を行う．

ⅲ．長期的な育成管理

　　おおむね竣工後15年目以降の期間において，事故や災害等による突発的な問題の発生などに備えつつ，枯損した個体の植替え等を含め，長期的な展望に立って成熟した環境や景観を持続可能な状態に維持する作業を実施する．また，植物以外にも，長期的に交換が必要な部材や設備の更新を行う．

（3）造園施工の発注者は，竣工後の維持管理業務の実施状況について，（2）の育成管理計画に基づき，設計者，施工者，維持管理者の協働によって，現場における成果の定期的な検証と評価を行うことができる．特に，竣工直後からの短期的な育成管理の成果についての検証と評価は，目標とする環境と景観を実現する上で重要である．

　この検証と評価は，設計者を中心として実施することが望ましく，設計者は，維持管理者から提供される現場での業務実績並びに施工者から提供される施工実績を総合的に評価した上で，問題点が指摘できる場合には，必要な是正措置について発注者に助言することができる．なお，この業務を実効性のあるものにするためには，（2）の段階的な育成管理計画にも，検証と是正措置について含めておくことが望ましい．

II部 施工技術

1章 土工事

1.1 土地造形工

　造園工事の場合，造形後は植栽地になるため，表面排水を考慮した造形計画を立てなければならない．また，植栽に支障があるガラ，ゴミは作業前・作業中を問わず取り除かなければならない．
　この節では，土工事として以下を対象とする．
（1）整地工
（2）表面仕上げ工

【解　説】
（1）既存地及び敷地造成後の表面整地作業で，建設機械により，表面排水計画に従って中程度（重機のキャタピラー跡が残る程度）の仕上げに造形することを標準とする（**解説図Ⅱ.1-1**）．

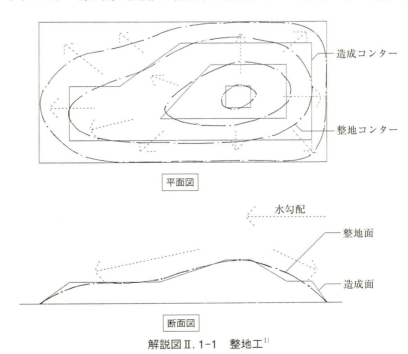

解説図Ⅱ.1-1　整地工[1)]

（2）整地後の直線的な表面地盤を小型建設機械と人力又は人力のみで，修景的で丸みを帯びた自然風な仕上げに造形しなければならない（**解説図Ⅱ.1-2**）．

解説図Ⅱ.1-2 表面仕上げ工[2]

1.2 雨水排水・浸透工

対象地の地形・地質と流末を考慮して適切な排水方法の計画を立てなければならない．
この節では，雨水排水・浸透工として以下を対象とする．
（1）開渠排水
（2）暗渠排水
（3）浸透桝

【解 説】
　対象地内の造成時に，雨水等の排水のために仮設的に行うこともある比較的簡易な工法について解説する．水路や管渠，集水桝などについては，「**4.5 雨水排水設備工**」を参照のこと．
（1）板柵法は掘削後，松杭，松板等を用いて溝が崩れないように側面に設置するが，底面も急速に水が流れる場合，浸食のおそれがあるのでコンクリートを厚さ50 mm内外（程度）で打設することが望ましい．
　張芝法及びシート張法は，布設後に目串打ち及び土羽打ちを行うことが望ましい．造成法面の法肩と法尻には，法面勾配と土質にもよるが基本的には張芝法かシート張法で設置することが望ましい（**解説図Ⅱ.1-3**）．

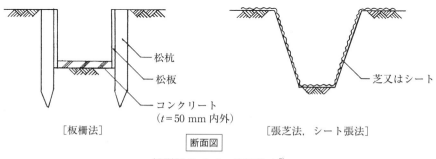

解説図Ⅱ.1-3 開渠排水[3]

（2）砕石等の排水性の良い材料と透水管を使って施工することが望ましい．もっと簡易に施工する場合には，腐食しにくいイネ科の草本や樹木の枝を使用することもできる（**解説図**

1章 土 工 事

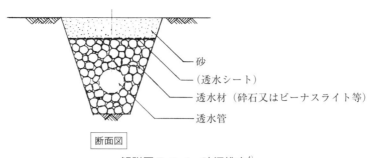

断面図

解説図Ⅱ.1-4 暗渠排水[4]

Ⅱ.1-4).

（3）線的な排水溝が施工できず流末が確保できない場合は，自然浸透を促進させるために大穴を掘削し，砕石等の排水性の良い材料を満たすことで，ある程度の排水を確保することができる．なお，排水能力に限界があるため，基本的な排水設備にならないことを考慮しなければならない（**解説図Ⅱ.1-5**）．

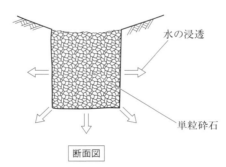

断面図

解説図Ⅱ.1-5 浸透桝

1.3 段差処理工

主に植栽地における初期段階（2～3年）の土砂崩壊防止を目的とした工法である．したがって現場の状況を把握し，できるだけ簡易で費用の掛からない方法を選ぶことが望ましい．植物の生育とともに機能する必要がなくなる可能性が高いことから，自然素材で植物とのなじみが良い材料を使うことが望ましい．

この節では，段差処理工として以下を対象とする．
（1）編柵工
（2）板柵工
（3）丸太柵工

【解　説】

（1）丸太を 0.5～0.6 m 間隔で打ち込み，その間を割竹又は枝などで編み込んで土壌の流出を防ぐ工法で，柵の高さは 0.6 m 程度までとし丸太の根入れは丸太長の 2 分の 1 以上を標準とする（**解説図Ⅱ.1-6**）．

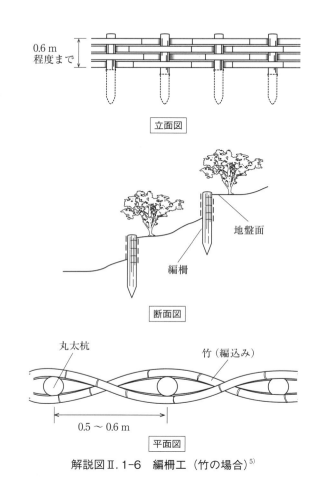

解説図Ⅱ.1-6　編柵工（竹の場合）[5]

（2）丸太杭を 2 本ずつ 200 mm 内外空けて 1.2～2.0 m 間隔で打ち込み，その間を板でつないで土壌の流出を防ぐ工法で，柵の高さは 1.0 m 程度までとし丸太の根入れは丸太長の 2 分の 1 以上としなければならない．材料は松材が使用されることが多いが，どのような木材でも板厚が 20 mm 以上あれば問題はない（**解説図Ⅱ.1-7**）．

1章 土 工 事

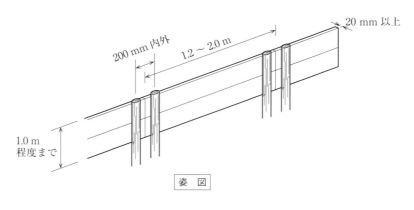

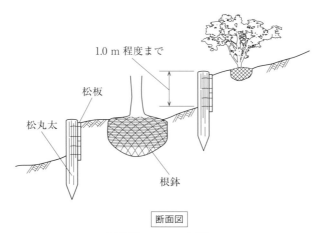

解説図Ⅱ.1-7 板柵工

（3）工法の一つ目は丸太杭を連続的に打ち込むことで土壌の流出を防ぐ工法である．修景的には段差処理工の中で最も見栄えがよく，材料は杉材が使用されることが多い．しかし，丸太と丸太の合わせが難しいため手間が掛かる．二つ目は丸太杭を2本ずつ200mm内外空けて1.2～2.0m間隔で打ち込み，その間を丸太又は現場で発生した樹木の幹・枝を横に使ってつなぐことで土壌の流出を防ぐ工法である．いずれの工法も柵の高さは1.0m程度までとし丸太の根入れは丸太長の2分の1以上を標準とする（**解説図Ⅱ.1-8**）．

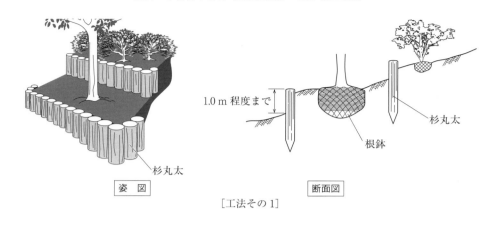

［工法その1］

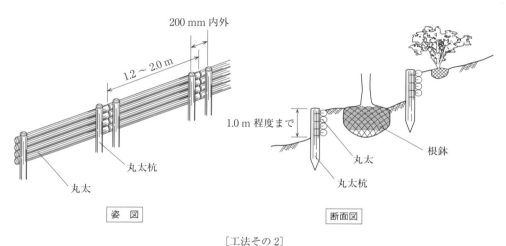

［工法その2］

解説図Ⅱ.1-8 丸太柵工

1.4 植栽基盤整備

植栽基盤整備は，植栽植物の良好で持続的な生育に欠かすことのできない技術であり，植栽予定地の各種土壌調査と診断結果に基づき導き出される適切な改善方法の提案により実施しなければならない．

貴重な植栽植物が健全に生育し，個々の植栽目的とともに，植物としての機能を十分に発揮するためには，良好な生育を確保する植栽基盤の整備が不可欠であり，植栽基盤は建築物の基礎に相当するものであるといえる．

気候に恵まれ雨の多い日本では，自然の山野に生育する植物は良好に繁茂することが一般的であるが，造園工事の対象として多く見られる都市の造成地等では，造成工事に伴う土壌の固

1章 土 工 事

結等により根系の成長が阻害され，生育不良や枯死に至る事例もしばしば見られる．

近年の造園工事対象空間は，ますます多様になっており，特に都市部においては，良好な土壌条件下で植栽が行われることは少なくなっている．

【解　説】

（1）植栽基盤の定義

植栽基盤とは，植物を植栽するという目的に供せられる土層をいい，次の条件を備えている必要がある．

・植物の根が伸長して水分や養分を吸収することのできる条件を備えている
・植物の根が伸長できるある程度以上の広がりと厚さがある
・排水層がある場合はこれを含む

なお，ある程度以上の広がりとは，植栽された植物が目的の大きさまで成長するのに支障のない広さである．土層は，自然土壌に限定されず人工土壌によって造成されたものも含む．

（2）植栽基盤の構造と成立要件

植栽基盤は，「有効土層」と必要に応じて設置される「排水層」とから構成される．植栽基盤の構造と，植物が正常に育つために必要な植栽基盤整備に求められる要件を，**解説図Ⅱ.1-9**と**解説表Ⅱ.1-1**に示す．

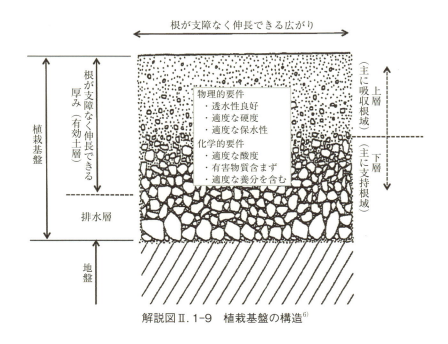

解説図Ⅱ.1-9　植栽基盤の構造[6]

解説表Ⅱ.1-1　植栽基盤整備に求められる植物の生育に必要な要件

重要度	植栽基盤の成立要件		解　説
1	物理性	透水性良好	枯死又は生育不良の最も多い原因である．これらについては必須調査項目とし，問題がある場合は，植栽に先立ち必ず改善対策を講じなければならない．
		下層地盤の排水性良好	
		適度な硬度	
2	化学性	適度な酸度	枯死に至る致命的な原因となるが，出現頻度としては少なく，地域的にも限定される．特に，土丹地や臨海地では十分な調査が必要である．
		有害物質を含まず	
	物理性	適度な保水性あり	植物にとって有効水の保持力の有無は，特に旱魃時の持久力に大きく影響する．
3	化学性	適度な養分を含む	生育不良にはなるが枯死という致命的な原因にはなりにくい．植栽後の葉の黄変など養分不足の症状が現れた時点で肥料を施すことも可能である． なお，工法との関係では，硬度などの物理性の改善と一緒に行うことが多い．

（3）植栽基盤整備の整備段階と主な検討項目

　植栽基盤整備は，植栽工事の設計内容，施工条件，予算等の諸条件を考慮して施工現場の実態に合わせて実施されることが必要である．

　「公園緑地工事積算体系」[7] では，基盤整備工の中に植栽基盤工として位置づけられ標準的な改良工法が示されているが，あくまでも積算体系として標準的な工法について記載されているものであり，全ての植栽地に適用できるものではないことに留意する必要がある．

　植栽基盤整備の実施に当たっては，事前調査から施工及び維持管理までの各段階において，「調査」「評価」「整備水準の設定」「適用基準」「工法」「品質管理基準」等について関係者間で共通認識を持つことが求められる（**解説表Ⅱ.1-2**）．

解説表Ⅱ.1-2　植栽基盤整備の段階と主要な検討項目

整備の段階	主要検討項目
1．事前調査	計画地の概要と調査項目の決定
2．基礎調査・現地調査	現況地盤の調査及び評価
3．設　計	整備水準の設定と適用基準の明示，設計基準，工法の明示
4．施　工	設計図書に対応した施工計画の立案，施工管理の実施
5．維持管理	継続的な植栽基盤の性能維持

　なお，植栽基盤整備の評価，整備目標等の基準値は，『植栽基盤設備ハンドブック』[6] や「緑化事業における植栽基盤整備マニュアル」[8]，『建築工事監理指針』[9] 等を参考にするとよい．

　また，東日本大震災からの復興における標準的な手法としては，「植栽基盤の整備手順（案）」[10] を参考にするとよい．

1章 土 工 事

Ⅱ部1章 参考文献

1) 日本造園建設業協会編集（1998）：造園工事作業手順（素案）非売品：日本造園建設業協会，27
2) 前出1），63
3) 前出1），29
4) 前出1），31
5) （下図）前出1），65
6) 日本造園建設業協会（2015）：植栽基盤整備ハンドブック（第4版）：日本造園建設業協会，53
7) 国土交通省Webサイト：公園緑地工事積算体系について：〈http://www.mlit.go.jp/toshi/park/crd_parkgreen_fr_000011.html〉2015.3.1 閲覧
8) 日本造園学会緑化環境工学研究委員会（2000）：緑化事業における植栽基盤整備マニュアル：ランドスケープ研究63（3），日本造園学会，224-241
9) 公共建築協会編集（2013）：建築工事監理指針 平成25年版 下巻（国土交通省大臣官房官庁営繕部監修）：公共建築協会，建設出版センター
10) 国土交通省都市局公園緑地・景観課Webサイト：参考資料5 植栽基盤の整備手順（案），平成24年3月27日：〈http://www.mlit.go.jp/common/000205829.pdf〉2015.3.1 閲覧

2章 植栽工事

2.1 植栽準備工

植栽準備工における移植等の生産技術は，工事後の植物が良好な成長を保つために欠かせない技術であり，時期や場所等に配慮しながら適切に行うことが望ましい．

【解　説】
（1）移植の条件

移植する植物は，各個体の成長度合い及び生産圃場の環境に応じて，数回の根切りを行い，健全な状態となるように生産する．

ⅰ．移植時期

一般的に植物の樹体内のエネルギーが蓄積される時期に移植を行うと，発根が良く根数が数倍に増え，次年度からの生育も良くなる．衰弱，枯死率も低くなり，定植後も成長の衰えが少ない．このため，関東地方を基準として，常緑樹では3月下旬～4月下旬と9月下旬～10月上旬，落葉樹では10月下旬～翌年4月上旬に行うとよい（**解説図Ⅱ.2-1参照**）．

やむを得ず成長期に移植を行う場合は，強剪定や太根の切断を極力避けるようにすることが望ましい．

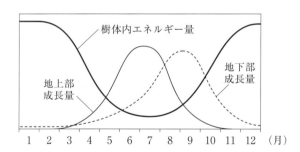

解説図Ⅱ.2-1　樹体内エネルギー量と地上部・地下部の成長量[1]

ⅱ．移植回数

実生から育てる高木は，播種後の本葉が固まる時期（5月まで）に1回目の移植，さく植えを行う．隣の枝葉と当たるまで成長したら2回目の間引き移植を行い，同様に出荷までに数回行う．移植をせずに残した樹木は，根回しを行い根数を増やす．

挿し木の場合は床挿し，さく挿し，束挿しなどがあるが，床挿しはその年の9月下旬～翌年の出芽前までに1回目の移植を行う．その後は，実生と同じように成長に合わせて数

回移植を行うことが望ましい．

iii．根回し

一般的に根回しは，出荷が難しい貴重木や永年定植している樹木，及び根系密度の少ない樹木を対象に行うことが望ましい．

若い樹木の場合は，樹木の幹径（D）の3～4倍離れた地点の側根を対象として，スコップ，エンピ，バックホウ，のこぎり等で切断をする．このとき，溝幅は30～50 cmが好ましい．主根は切らずに支持根として残す場合が多い（**解説図Ⅱ.2-2参照**）．最後に覆土して土を踏み固めるのが基本である．

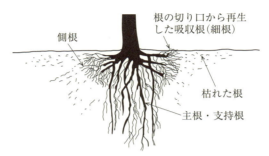

解説図Ⅱ.2-2　発根状況[2]をもとに作成

iv．環状剝皮

貴重木，大径木，古木及び永年定植している樹木は，側根の一部の形成層を剝ぎ取る環状剝皮を行う（**解説図Ⅱ.2-3**）．長さは10～15 cm程度を目安に行って剝皮させ，剝皮した部分が形成層でつながらないように完全に形成層を取り除く．環状剝皮の1～3年後に移植を行うとよい．

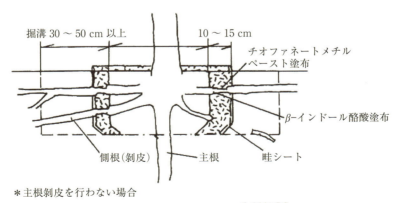

解説図Ⅱ.2-3　環状剝皮[3]をもとに作成

（2）高木移植

根巻とは根の保護（乾燥防止，細根保護，定着等）を目的とするもので，高木移植の根巻は樽巻が多く行われる（**解説写真Ⅱ.2-1**）．

1 表土剝ぎ

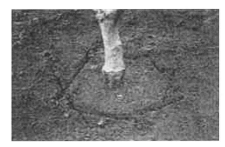
2 鉢径決め

3 バックホウとスコップによる縦掘り

4 トラ張り

5 藁敷き，6 根杭打ち

7 樽巻

8 鉢底切り

9 藁入れ

解説写真Ⅱ.2-1　樽巻の手順[4]

2章 植栽工事

10 化粧

11 尻かがり

解説写真Ⅱ.2-1（つづき）

（3）高木機械移植

　近年，高木を移植する際は，バックホウ，根切りチェーンソー，移動式クレーン等の機械使用が一般的である（**解説写真Ⅱ.2-2参照**）．

　バックホウのバケットの先にスチールナイフを取り付けて，又は根切りチェーンソーで根を切断する．その後，バケットで根鉢外周の土を1～2割ほど大きめに掘り取り，根鉢調整をした後，根巻を行う（（2）参照）．

解説写真Ⅱ.2-2　機械移植

（4）低木移植

　低木（灌木）は，圃場では根巻をせずに移植する．樹種，成長度合い，及び圃場環境で異なるが，2～5回程度行うことが望ましい．

　低木移植は，根が乾かないように管理し，根や枝をはさみで切り揃えたのち，水に数分浸けてから行うことが望ましい．

　移動距離があるなど時間がかかる場合は，揚巻をして水に浸けてから畑に植え出すとよい．

（5）枝　折

　枝折（しおり）とは，輸送中や作業の安全確保の目的で，樹木を傷めないように枝葉を束

ねることである（**解説写真Ⅱ.2-3参照**）．

　まず下枝の小枝から数枝ずつひもで束ね，順番に中枝，そして大枝を幹と結わく．このとき，枝が折れないように力を加減して数回に分けて束ねる．特に折れやすいカエデ類や仕立物のマツは，注意しながら行うとよい．

解説写真Ⅱ.2-3　枝折完成時

（6）樹木繁殖

　樹木繁殖には，以下の実生繁殖，挿し木繁殖，接ぎ木繁殖，株分け繁殖，取り木繁殖がある．

　ⅰ．実生繁殖

　　一般的に実生繁殖は，親木の性質が変化しない植物が適している．種子を採取し，すぐに水に浸して沈んだ良質の種子を蒔くと採り蒔きが良い．採り蒔きができないときは，水に浸した後に砂をまぶして箱に入れ，冷暗所に貯蔵して翌春に蒔くとよい．なお，樹種によっては，1年では発芽しないものもあるので注意が必要である．

　ⅱ．挿し木繁殖

　　種子が実りにくい樹種や，実生繁殖では親木の性質から変化してしまう樹種のうち，挿し穂から発根しやすい樹種は挿し木で繁殖させることが望ましい．

　　落葉樹の挿し穂づくりは，樹種によって異なるが，2月までに前年枝の充実した枝を10～20 cm程度の長さを目安としてつくる．束にして土をかぶせて保管し，カルスができて発芽する前に挿し床に挿すとよい．

　　常緑樹の挿し穂づくりは，一般的に新芽の固まる6月～7月上旬に7～15 cm程度の長さで切り取り，本葉2～5枚を残して水に浸けてから挿し床に挿すのがよい．

　　挿し穂の切取り量は，余分な水分を吸収すると活着が劣り日数が経過すると切り口からの発根が悪くなるため，1日で挿し床に挿すとよい．

iii．接ぎ木繁殖

　　実生では親木の性質を受け継げない樹種や，挿し木でも自根が形成されにくい樹種では多く行われる．特に，果樹や花木類の栽培品種は接ぎ木繁殖を行うとよい．

　　接ぎ木には切り接ぎと芽接ぎが多く行われ，親木を穂木とし，台木は同種及び同属の実生苗か挿し木苗を使用する（**解説図Ⅱ.2-4**，**解説図Ⅱ.2-5**参照）．

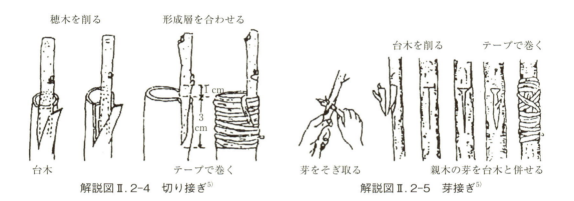

解説図Ⅱ.2-4　切り接ぎ[5]　　　　解説図Ⅱ.2-5　芽接ぎ[5]

iv．株分け繁殖

　　低木や地被類（ササ類，ビョウヤナギ，タマリュウ等）で多く行われる（**解説図Ⅱ.2-6**参照）．株分けする際は，充実した自根を有する株を選ぶことが望ましい．

　　また，親株から一度に数株しか取れないため，大量生産を行う際は，親株も多く必要となる．なお，親株の根が少なくなり弱ることに注意するとよい．

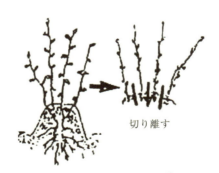

解説図Ⅱ.2-6　株分け[5]

v．取り木繁殖

　　緑化樹木では少ないが，盆栽の生産ではよく行われる技術である．

　　親木の良い枝を10～15cm程度環状剥皮し，水で湿らせたミズゴケを巻き，乾燥しないようにビニールで覆い，紐で縛る．1～3年後に親木から切り離して植え付けるとよい（**解説図Ⅱ.2-7**参照）．

解説図Ⅱ.2-7　取り木[5]

(7) 地被繁殖

　芝，草本類，木本類などがあり，この項では芝と草本類について解説する．繁殖においては実生，挿し木，株分けなどで行うことが基本となる．

　ⅰ．芝の繁殖

　　芝は実生，切芝，植芝といった方法で生産出荷される（**解説表Ⅱ.2-1**）．近年ではコンテナによる栽培で，土を使わない栽培品種も多くなってきている．

解説表Ⅱ.2-1　芝の繁殖

生産技術別	代表種別	規　格	備　考
実生	カナダブルーグラス，クリーピングベントグラス　等	0.5 m×1.0 m（ロール） 0.5 m×2.0 m（ロール）	吹き付け及び直播．西洋芝が多く，リッドカッターで切断する
切芝	コウライシバ，ノシバ，ビロードシバ　等	36 cm×14 cm（小判） 36 cm×28 cm（大判）	近年は大判の切り出しが多い
植芝	ティフトン328，ティフトン419　等	芝片が15～20 cm長の芝径（ストロン）	すじ張り及び蒔き芝

　ⅱ．草本類の繁殖

　　近年では多く使われてきており，ポットやコンテナによる容器栽培が多く行われてきている（**解説表Ⅱ.2-2**）．

解説表Ⅱ.2-2　草本類の繁殖

生産技術別	代表種別	栽培方法
実生	サルビア，シロツメクサ，ハマヒルガオ，パンジー　等	直播
挿し木，挿し芽	セダム類，マツバギク　等	マット，ポット
株分け	ギボウシ類，シャガ，タマリュウ，フッキソウ，マツバギク　等	コンテナ，ポット，露地
根伏せ	ハンゲショウ　等	ポット，露地
分球	スイセン，タマスダレ，チューリップ，ヘメロカリス，ヤマユリ　等	ポット，露地

2.2 植物材料の選定と調達

造園植物の選定は，地域特性，気候条件などを十分に検討した上で設計をする必要があり，設計時点での植物材料選定には，将来の生育目標の設定が重要である．

施工時には，設計意図を十分に理解した上で，植栽地の環境に適合した植物材料を調達し使用しなければならない．

【解　説】

(1) 造園空間で使用する植物材料

造園で使用する植物は，木本類，草本類，地被類など非常に多様であり，植栽地の環境も亜寒帯から亜熱帯までの沿岸，農魚山村，都市，自然地域など多様である．

特に都市部の植栽では，人工的に造成された環境に生育することが条件となり，在来種だけでなく多くの外来植物も使用される．

造園植栽に適した植物は数千～1万種以上にのぼると言われ，そのうち一般的な市場に流通しているものはごく一部にすぎない．

これら多くの植物から，植栽地で良好に生育し，管理しやすい植物を選定することが必要となる．

(2) 造園植物の品質と規格

植物は生きものであり，同じ品種であっても同じ形，寸法，品質のものはない．

発注者，設計者，生産者，施工者などが植物材料の形態を共有するために，「公共用緑化樹木等品質寸法規格基準（案）」[6]（以下，「基準（案）」と言う）により品質規格が規程されているが，造園で使用されている緑化植物のごく一部であることにも注意する必要がある．

植物材料は，現場納品から植付までの時間を最小限にすることが重要であり，材料の検収も効率的に行わなければならない（Ⅰ部「3.4.2 植物材料の検収業務において施工者が対応するべき事項」参照）．

植物材料の検収は，現場搬入時に樹木の積み方やシート掛けなど輸送中の養生状況を確認することができるので，立会い可能な時間に納品するように調整する．個々の植物材料の検収は，車上で行わず現場の適切な場所に荷卸しをしてから行うようにする．なお，必要に応じて生産地での検収も実施する．

設計図書，発注内容との整合を確認し，樹高，幹周，葉張などの寸法規格とともに，枝折れの有無，樹勢など樹木の状態も合わせて確認する．

寸法規格の適用時については，基準（案）により「樹木等の搬入（納品）時」とされており，植物材料を工事現場に持ち込んだ際の現場検収時において適用されることが明記されている．これは，工事施工に伴う手入れ（刈込み・剪定など），植込みによる変化や，納入後の時間経過による変化は含まれないということである．

また，生垣など刈込み後の寸法規格が示されている場合は，搬入する材料は示された寸法

規格より大きいものを用いる必要があるなど，設計図書に示された寸法規格と異なる場合もあるので注意が必要である．

植物材料の検収については，基準（案）に明確に示されているので参考にするとよい．

（3）造園植物の調達

植物材料は，移植適期，植栽適期に施工することが原則であるが，調達に当たっては，施工する地域の気候や，施工予定時期の天候予想などにより，施工時期や養生方法など最善となるよう判断することも必要となる．

設計図書に示された植物には，市場に流通しているものだけでなく，特定の品種指定のある植物材料や，寸法規格，枝ぶりなどの指定にも配慮する必要が生じる．

特に，園芸植物は多くの種類と品種があり，流行にも影響されるため全ての品種が常に生産されてはおらず，一般的な造園樹木のように流通しているものばかりではないことにも注意する．

園芸植物の場合には，栽培時期も限られることから，球根・宿根類では秋～春，1・2年草では春～夏，多年草では秋など，市場に出る期間も限られることに留意する必要がある．

実際の施工時期と必要とする数量，品種名，色，苗の形状・品質，ポットサイズなどについて事前に確認する．

特に大量に使用する場合には，設計者と連携して生産設備や運搬計画なども考慮した生産計画を立案し，品種や色についても生産期間中に確認することが望ましい．

2.3　配　　植

配植とは，それぞれの植栽目的や機能に応じて，適切な植物を適切な場所に植えることをいう．

植栽目的，機能，管理目標を考慮し，樹木相互の調和や釣合を検討した植栽計画に基づき，現場の全体空間と個々の樹木の樹形や枝ぶりに配慮して植栽を行う．

【解　説】

（1）設計意図の理解

植栽には，遮蔽・遮光・視線誘導・緑陰・生態系の保全機能など様々な植栽目的と機能を満足するための要求事項がある．

配植を考える際には，機能を満足させるだけではなく，美しさ（機能美）も備えていなければならない．

（2）配植の手法と応用例

植栽の目的と機能は，多くの場合が複合的なものであるが，例えば群落植栽では，目標とする植栽景観の参考となる自然の風景を参考として配植することが一般的である．

日本庭園では「役木」として庭園の要所に植栽され，景趣の協調，調和，添景などのため

に植えられる樹木も，目的や機能を持った配植手法の一例である（「**解説図Ⅲ.1-8 代表的な役木の例**」参照）．

複合的な配植の手法を類型化して整理すると，**解説表Ⅱ.2-3**のように考えることができる．

解説表Ⅱ.2-3　配植の手法例

分類	配植による効果	植栽での応用例
単純（シンプル）	単調な美しさ	同一の樹種・形で植栽された並木，スギやヒノキなどの単純林，竹林　等
統一（ユニタリー）	統一された美しさ	並木，茶庭の植栽（わび・さび）　等
漸層（グラデーション）	形や色を次第に増加又は減少させることによる美しさ	高木→中木→低木の植栽，植込みの樹冠線形，濃青→濃緑→淡緑の色の組み合わせ　等
反復（リピート）	同一の形や色を繰り返すことによる美しさ	並木，単純林　等
韻律（リズム）	形や色をリズミカルに変化させることによる美しさ	起伏のある大刈込み，リズミカルな樹冠線や色　等
対比（コントラスト）	相反する形や色を対比させることによる美しさ	直立した樹形とゆるやかな流れ，常緑樹と落葉樹の組合せ，緑をバックにした白い花　等
調和（ハーモニー）	似通ってものが一体となった美しさ	尖った山と円錐形樹形，断崖に生える懸崖樹形　等
対称（シンメトリー）	左右対称の美しさ	二列直線植栽，整形式庭園の正面景　等
比率（プロポーション）	緑量や面積の大小，辺の長短などの比例の美しさ	1：1.618の黄金比，1：2，1：3，2：3，3：5　等
釣合（バランス）	バランスのとれた美しさ	真・添・対や真・行・草の配植法，直立木と這性株物との組合せ　等
錯覚（イリュージョン）	錯覚を利用した美しさ	遠近法：手前は高く奥を低くした配植，近景に淡緑を遠景に濃緑を配する，枠構えとビスタ　等

2.4　植　栽　工

造園植栽の主要な役割は，目標とする景の趣を植物によって表現することであると言える．

発注者，設計者，施工者が，目標とする景の趣を共有することが重要であり，植栽施工技術とともに設計意図を読み解き，現場の気候風土や周辺状況，使用する植物材料の特

> 性，配植技術を駆使して，目標とする景を創出することが望ましい．

【解　説】
(1) 設計意図の理解

　　植栽の施工に当たっては，設計意図を十分に理解して施工しなければならない（Ⅰ部「**3.1.3 設計意図の把握**」参照）．

　　造園施工の現場で通常用いられる実施設計図だけでは，基本計画や基本設計の設計説明書による設計意図が，施工者に伝わりにくい場合が多い．

　　植栽図の表現は，多くの場合が記号化されているため，施工者は図面や特記仕様書から設計意図を読み取る努力が必要となるが，良質な造園空間を創出するためには，植栽工事に携わる設計者・施工者が連携し，明確に設計意図を現場に反映する必要がある．

　　特に，公共造園工事の現場では，設計図書に示された規格，寸法，数量に重きが置かれ，空間全体の景観，おさまり，なじみなどに対する視点が薄れてくる傾向にあることに注意しなければならない．

(2) 施工前の留意事項

　　植物材料は，地域的な限定性と季節性があるとともに，地域により材料の名称や規格が異なることもあるので，事前に十分確認することが必要である．

　　特に，品種指定がある場合には，生産地や生産量と入手可能時期などについて市場調査を行うことが望ましい（2.2「**(3) 造園植物の調達**」参照）．

　　植栽は，移植適期，植栽適期に施工することが原則であるが，施工する地域の気候や，施工予定時期の天候予想などにより，施工時期や養生方法など最善となるように判断することも必要となる．

　　植栽工事着手前に，植栽図に示された樹種や配植をもとに，植栽の機能と目的を理解するとともに，将来の成長を予測し，どのような「おさまり」とするか検討する．

(3) 高中木植栽

　　材料は根回しを行ったものを使用することを原則とし，現場への搬入当日に植付が完了するように工程を調整する（2.1（1）「**ⅲ. 根回し**」参照）．

　　現場へ搬入した樹木は，折損枝葉の確認後に，植栽後の樹形を考慮して樹冠の形状を整えなければならない．

　　設計図書，設計意図に基づき植栽位置を決定し，個々の樹木の樹形と植栽地全体の完成形を考慮して幹の傾きを決定し，植え付ける．

　　高中木植栽に当たっては，原則として，**解説表Ⅱ.2-4**の事項を確認しなければならない．

(4) 低木植栽

　　設計図書に示された，樹種，品種，植栽範囲，形状寸法，数量を実際の植栽地と整合させ，施工直後の植栽密度と将来の植栽密度を考慮して植栽する．また，設計意図を理解した上で将来の成長を考慮した植栽密度に調整し，配植を行わなければならない．

2章 植栽工事

解説表Ⅱ.2-4 高中木植栽の留意点

・植栽設計意図と植栽位置	・植付の準備としての手入れ,枝抜き
・樹種特性	・仮植えと仮支柱
・植栽時期	・樹木の表裏,気勢,幹の傾き
・配植と組合せへの配慮	

　寄植えの場合は,中央部と周辺部の植栽密度,傾きに配慮し,将来の管理のための作業動線を確保できるように配植する.

（5）地被類植栽

　工事の最終工程となることが多いため,前工程の作業による地形の変化や踏圧による植栽基盤の不良などの活着への影響について施工前に確認を行い,必要な改良や調整を行って植栽する.

　また,植栽地の気象条件を把握し,植栽直後の乾燥や強風による枯損を予防するための適切な措置を行う.

（6）草本類植栽

　植栽工で使用する草本類は,園芸植物として生産されているものが多く,多くの種類と品種があり,生産時期,量,市場流通の把握が必要であり,条件によっては生産育成計画を立案する必要がある.

　また,樹木と比較して植栽地の気象条件や土壌環境によって活着や成長に影響を受けやすいため,使用する植物の特性を十分に理解して植栽基盤を整備し,目標とする景観を実現するように生育形態や成長速度を考慮して,植栽間隔を設定しなければならない.

2.5　屋上緑化

　屋上緑化は,建築物に付随する空間に緑を生育させるため,荷重による建築物への負荷や防水等の構造的問題,植物の生育を確保する植栽基盤の問題,生育不良,施工面,維持管理面等検討する項目は多岐にわたる.地上部での緑化工事と大きく異なる部分もあるため,施工から維持管理にわたる様々な過程において,不都合が起きないように対処しなければならない.

2.5.1　緑化対象建築物の把握

　施工に当たっては,緑化を施す建築物の状況,積載可能荷重,風荷重,防水とその耐用年数,排水処理等を的確に把握しなければならない.

【解　説】

　屋上緑化は建築物の上部に施工するため,建築物の状況把握が重要である.積載可能荷重,

風荷重，防水の寿命を含めた状況，建築排水等は設計段階で検討され対処されているはずであるが，再確認することが重要である．既存建築物の場合，施工時に建築物内に使用者がいるか否かで仮設・養生・緑化工事の騒音対策等が異なるとともに，作業の曜日等が規制されてくる．また，作業時の資材搬入，荷揚げのための作業空間が確保できるか否か，搬入車両・騒音等に関する近隣の理解も作業効率に大きく影響を与えるため，十分に調査することが必要である．

> ### 2.5.2　設計図書の確認
> 　施工に先立って，設計図書に記載されている通りに施工して不具合が生じないかの確認が最も重要であるため，施工者は，このことについて細心の注意を払わなければならない．

【解　説】
　屋上緑化は建築物の上に造成するため，建物倒壊，漏水，物の飛散による事故，植物の全面枯死等重大なトラブルが発生し得る．本来，設計段階での不備，維持管理面での不備であっても施工側の責任が問われる場合もあるので，十分な検証が重要である．トラブルにつながる懸念がある場合，発注者，設計者と協議して設計変更等の処置を講じる．

(1) 積載可能荷重

　屋上緑化の荷重は本来，固定荷重（建築構造計算時に躯体荷重とするもの）で見るべきであるが，既存建築物では不可能な場合が大半であり，「建築基準法」の積載荷重の範囲で緑化しなければならない．屋上広場とされている屋上全体に積載できる荷重は地震力計算時の積載荷重であるが，設備機器等ですでに使用している分がある場合，その分をマイナスしなければならない．部分的な緑化の場合，柱・梁計算時の積載荷重を使用できるが，柱・梁の担う範囲を検討した荷重となる．また，手すりがない等で屋上広場とされていない屋上においては，建築基準法の適用外であるため，積載荷重0（ゼロ）の場合もある．建築設計時の積載荷重の確認とその範囲での緑化であるかの確認が重要である．

(2) 風荷重

　建築基準法に則り計算した荷重で基盤の飛散や倒木等が起こらない設計となっているかの確認が重要である．設計図書で明記されていない樹木支柱の場合やVE提案等で工法・資材を変更する場合などは，十分に検討する必要がある（Ⅰ部「3.6　バリューエンジニアリング」参照）．

(3) 建築物の防水

　建築物の屋上は何らかの防水がなされているが，既存建築物では改修により防水の仕様が竣工時と異なる場合が多い．現実の防水仕様と，緑化設計の緑化工法・資材の組合せが適切であるか確認することが重要である．また，パラペットを見切り（土留め）として計画してある場合，防水立上り高さより土壌表面が15cm以上，下にあることの確認が重要である．

（4）建築物の排水

建築物の設計・施工での排水仕様不備の例や，屋上緑化に適したルーフドレンの形状・位置になっていない場合がある．目詰まりによる漏水等のトラブルも多発しているため，対応策を検討し設計変更等の処置を講じる必要がある．施工で対応できない場合，管理の徹底を要請し，トラブル時の責任を回避する対策を講じる．

（5）防根層

建築物の防水層は植物の根の侵入を阻止できないものが多いため，防根層が必要になる．種々の防根資材があるが，いずれもシートのつなぎ目の処理が重要であり，防水層に接着できる資材が望まれる．また，防根シートの施工は伸縮があるため，テープ等での固定はシートを敷いた後，伸縮が落ち着いてから固定をする．造園・土木で使用されている，長繊維不織布による透水性のある防根シートと呼ばれる資材は，細い根は通すが根の肥大を制御するものであり，防根性はないため屋上緑化の防根層としては使用不可である．

（6）保護層

露出防水の防水層及び防根層を保護するための資材であり，予想される衝撃に対応できる強度，耐久性が必要である．

（7）緑化システム

植物込みの緑化システムは，その製造者（緑化メーカー）が供給するもので，設計者がそれを選定した場合，施工者側では変更ができない．この場合，維持管理手法の確認及び生育不良時の対処法，長期的な植物生育の確認・保証を製造者に求めることが重要である．積層型緑化システムにおいては，施工者側で緑化資材を組み合わせて設計・施工でき，多様な要望に対応可能である．

どちらにおいても，選定・設計された緑化システムが，荷重，風，漏水，植物生育等に対応できているかの検証が必要であり，問題がある場合は設計変更等の対応が必要である（緑化システムの選定については**解説図Ⅱ.2-8参照**）．

（8）積層型緑化の植栽基盤

積層型緑化システムの場合，緑化設計において各部材を選定し構成していくものであり，製造者に一任の場合とは異なってくる．当然，当該計画地の環境条件，管理条件と個々の資材の適合性が植物生育に影響するため，問題がある場合は資材の変更を行うか，管理条件を付けて引き渡すかの判断が必要となる．

ⅰ．排水層

排水層を設けないと根腐れ等によるトラブルが発生するため，設計図書で存在を確認し，記載がない場合は設計変更で対応する．芝生等の完成後も人の立ち入りが頻繁にある場合は，排水層の圧縮による潰れが起きない資材であるかが重要である．

ⅱ．フィルター層

フィルター層は，排水層と土壌の間に敷設し土壌が排水層に流入し，排水層の排水性能の低下を防ぐ目的で敷設する．これについては，経年的に目詰まりを起こさない資材であ

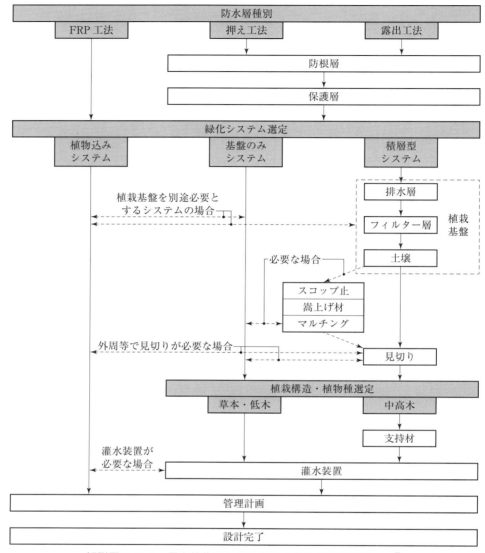

解説図Ⅱ.2-8 屋上緑化における緑化システム選定のフロー[7]

るかを確認する．また，点滴灌水の水を緑化面に均等に広げる役割も担っているため，水の拡散に寄与できる資材であるか確認をする（撥水性のある資材は避ける）．

ⅲ．土壌層

屋上緑化の場合，余剰となった重力水が排水層を通じて土壌層外に排水されるため，乾燥害が起こりやすい．しかし，逆に排水がスムーズに行われない場合，その水は停滞水となり，根腐れの原因を作ってしまう．このように，保水と確実な排水という矛盾した点を解決する必要がある．土壌は使用場所，植物種，植栽の利用目的によって使い分ける必要があり，要求される性能も異なってくる．

iv．嵩上材

　　嵩上材はレベル調整のための資材で，上部にどの程度の荷重が掛かるか，曲面の施工か，排水ができるか，浮き上りが起こり得る部分か等で資材の選定を行う．例えば，3次元曲面を作成する資材として方形のEPSブロック（発泡スチロールブロック）で設計されているために切断加工等で設計積算とは桁違いの材料費・施工費になるなどの場合，施工を考慮した検討が必要であり，設計変更等の対応が重要である．

v．マルチング

　　マルチング材は効果のみでなく，見栄え，飛散，燃焼等も考慮して検討する必要があり，不特定多数の人が集まる場合，不燃性の資材とする．

(9) 見切材（土留め，縁石）

　　屋上に土壌を敷き込むには外周パラペットを利用して，屋上面全体に敷き込む以外は見切りとなる資材が必要となる．屋上の植物生育において，水の不足より水の過剰の方が急激に生育不良に陥ることとなる．排水層から見切材に開けられた排水孔より排水されることとなるが，この排水孔の形状，寸法，間隔，孔周りの処理は設計図書に明記されていない場合がある．見切材の既製品においても，排水孔が寸法不足のものがあるため，必ず検証する．排水孔の目詰まりによる排水不良は，屋上緑化での植物生育不良の最大原因であるため，発注者，設計者と協議し，対応を検討する．

　　見切材の排水孔は，屋上面の勾配，集水面積で間隔，寸法を決めることが基本であるが，目詰り等を考慮すると，2.0 mに1箇所，3 cm×6 cm程度の寸法の孔を開けておきたい．建築物の躯体には水勾配があり，その下流側には排水孔を設置するが上流側は忘れる場合が多く，見切りの上流側に水が溜まっていることがあるので注意する．見切材の排水孔に不織布や植木鉢用の排水ネット等をあてがうと，目詰まりを起こしてしまう危険が大きい．

　　したがって，見切材際に集まった水をスムーズに排水するためには，パーライト詰めネット管，立体網状体等の排水能力のごく高い資材を，見切材に沿わせて敷設することが不可欠である（**解説図Ⅱ.2-9**参照）．

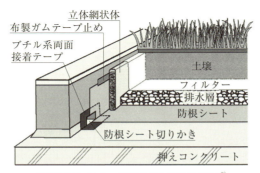

解説図Ⅱ.2-9　見切材排水孔の処理[8]

(10) 植　栽

　　選定された植物がその環境・基盤で生育するか否かを検討し，問題がある場合は発注者，設計者と協議し対応を検討する．また，荷重制限，風等の問題がある屋上での緑化では，成長の早すぎる植物（イチョウ，サクラ類，ケヤキ等），風で倒れやすい植物（プラタナス，シダレヤナギ等），風で折れやすい植物（アカシア類，ユリノキ等）は適さないと言える．

　　高木を植栽する場合，風等による転倒を防止するために風除け支柱を取り付けるが，屋上では支柱を支える土壌厚が十分でなく，従来型の風除け支柱が使用できない場合が多い．土壌だけでは支持力が得られない場合，建築躯体から支持を得ることを検討する．

(11) 灌水装置

　　屋上緑化，特に多様な植物種を用いた積層型緑化においては，灌水が不可欠である．灌水装置のコントローラーには，タイマー式，土壌水分検知式，定流量停止弁式，底面灌水用フロート式などがあるが，灌水方式との相性を理解して適否を判断する．

　　灌水方式は地表・地中・底面灌水があり，地表散水のスプリンクラーや散水パイプによるものは，水が風に流されたり株元に行き渡らないこともある．点滴灌水パイプで地中に配管する場合，「水道法」で上水配管との直結は禁止されている．貯水タンクを設けて水面と吐出口を 15 cm 離さなければならない．地方公共団体によりエアーバルブ，逆止弁を組み合わせることで認可が出る場合もあるため，地方公共団体，発注者，設計者と協議し，対応を検討する．

(12) 施設物

　　屋上では，荷重，風の問題を十分検討し，設計・施工で対応できない場合，管理での対応を検討する．軽量化を優先した結果，耐久性を犠牲にしたものなどがあるため，改修，交換等で対応する必要も出てくる．

2.5.3　施工計画

　　垂直方向の資材の運搬や建築物等の上部における施工準備など，通常の緑化工事とは異なる条件が多くあるため，荷揚げ，仮置き，小運搬，建物養生，施工場所の養生等について，事前の調査に基づいて綿密な施工計画を立案しなければならない．

【解　説】

　　屋上緑化の施工は，建築物の上での作業となるため，地上での通常の工事とは異なる注意点が多い．建築物上では車両や重機類を使うことができないため，工事全体の中で物資の移動に係るウェイトは大きい．土壌などでは小袋，フレコンバック，バラなど搬入するときの荷姿によって価格が大きく変動する．また，荷姿によって荷揚げや小運搬の歩掛りも変動するため，荷揚げ方法や小運搬方法は費用対効果を含め現場に合わせた検討が必要である．屋上緑化の現場は限られたスペースであるが，コスト面から荷揚げを極力少なくするため，多くの資材を仮置きすることとなる．

施工計画においては，荷揚げのスペース・保安員の配置を含め，どこに何を置きどの順番で施工していくかの判断，段取りが重要であり，施工管理者の技量により施工費が極端に異なってくることに留意しなければならない．

2.5.4 施工時の留意点
建築物の防水層，防根層の保護，排水施設の位置，基盤材敷均し，植付時の土壌水分に注意しなければならない．

【解　説】
屋上緑化の工事に当たっては，資材の移動や集積，植栽基盤造成，構造物の据付け等で，下地の建築構造や防水層に影響を与えないように細心の注意が必要である．塗膜・シート等の露出防水では，スコップなどの道具類を不用意に置いただけで容易に破損することもあることから，繊維入りアスファルトシート，モルタル成型板等の保護層を敷設してから工事に着手することが重要である．屋上緑化用の軽量人工土壌は，加圧することで大きな空隙（気相）がなくなり微細な空隙（液相）になりやすく，土壌の三相分布が変化して過湿状態になり植物生育上良くない．それだけでなく，嵩が減ったため設計土壌厚を確保すべく追加で客土した結果，積載荷重が大幅に超過することもあるので注意する．

パーライトなど水分が皆無の土壌に植物を植え付けると，土壌が植物・根鉢から水分を吸収し急激に萎れて枯死してしまうため，十分に土壌を湿らせた後に植え込む．

屋上緑化の施工中のクレームで最も多いのが，周辺住民や通行人からの目に何か入ったとの連絡であり，注意が必要である．軽量な黒曜石パーライトや真珠岩パーライト類は乾燥状態で搬入されるため，袋を開けて敷き均すときにわずかな風で微粒子が大量に飛散する．これが目に入ると，作業員の目を傷めたり近隣から苦情が出ることがある．例えば，開袋の前日に袋に水を入れ，水を吸わせてから施工する必要がある．また，土壌に改良材等を混合する仕様の場合は，土取り場やストックヤードなどで事前に混合し，袋詰めしたものを現場搬入することが望ましい．

2.5.5 維持管理者への引継ぎ
施工が完了した後，工事対象物を発注者に引き渡す際には，原則として維持管理者に管理上の留意点，特に灌水の頻度・量等を明記した文書で引継ぎを行う．また，維持管理上の問題が生じた場合の責任の所在を，建築設計・緑化設計・施工・維持管理・使用者について，項目別に明記した書類を提出しておくことが望ましい．

【解　説】
引渡し後の管理について維持管理者と協議して，どのように管理するか，連絡方法及び担当部署等を確認する．竣工図だけでなく，施工段階から維持管理へ移行するに当たり必要な事項

を，書面に残して引き継ぐことが重要である．使用した資材の特性・耐久性，植物の特性，設計図書との相違事項，各資材・部材の納まり部分，見切材の排水孔処理，ルーフドレン周りの処理，灌水装置の性能・使用マニュアル等を明記及び添付することが望ましい．

2.6 壁面緑化

壁面緑化は，建築物に付随する空間に緑を生育させるため，建築物等の構造的問題，植物の生育を確保する植栽基盤の問題，生育不良，施工面，維持管理面等検討する項目は多岐にわたる．地上部平面での緑化工事と大きく異なる部分もあるため，施工から維持管理にわたる様々な過程において，不都合が起きないように対処しなければならない．

2.6.1 緑化対象壁面の把握

施工に当たっては，緑化を施す建築物・構造物の状況，壁面等の荷重強度，風荷重，日照条件，排水処理，壁面の作業空間等を的確に把握しなければならない．

【解　説】

壁面緑化は建築物・構造物に接して設けられるため，建築物の把握が重要である．壁面構造物の表面形状・載荷可能荷重，風荷重，光条件，給排水条件，壁面へのアプローチ条件等は設計段階で検討され対処されているはずであるが，再確認することが重要である．工事に際しては，壁面に近づく手段，後付アンカーの取付けの可否（壁面構造資材，配筋等）の再確認が重要である．また，敷地外部に接する場合が多く，仮設・養生・緑化工事の騒音対策，作業時の資材搬入，荷揚げのための作業空間が確保できるか否か等についても十分に調査することが必要である．

2.6.2 設計図書の確認

施工に先立って，設計図書に記載されている通りに施工して不具合が生じないかの確認が最も重要であるため，施工者は，このことについて細心の注意を払わなければならない．

【解　説】

壁面緑化は建築物に接して設けられるため，壁面崩壊，漏水，物の飛散による事故，植物の全面枯死等重大なトラブルが発生し得る．本来，設計段階での不備，維持管理面での不備であっても施工側の責任が問われる場合もあるので，十分な検証が重要である．トラブルにつながる懸念がある場合，発注者，設計者と協議して設計変更等の処置を講じる．

（1）植栽基盤位置

壁面緑化においては，植栽の基盤がどこに確保できるかで計画が大きく異なってくる．基盤の違いにより緑化形態が異なり，使用可能な植物も異なるとともに，灌水装置の要・不要

2章 植栽工事

にも関係する．特に壁面基盤型の壁面緑化においては，基盤の荷重を考慮しているかの確認が重要である．

（2）壁面形状・構造と植物登はん形態・登はん補助資材の組合せ

壁面緑化は，直接登はん，間接登はん，下垂，壁前植栽，壁面基盤等の緑化形態と植物の登はん特性の組合せが重要であり，適正な組合せとなっているかの確認が重要である．不適切な組合せの場合，資材・維持管理方法等により問題が発生しないような対策が立てられているかの確認が不可欠である（**解説図Ⅱ.2-10，解説表Ⅱ.2-5，解説表Ⅱ.2-6，解説図Ⅱ.2-11** 参照）．

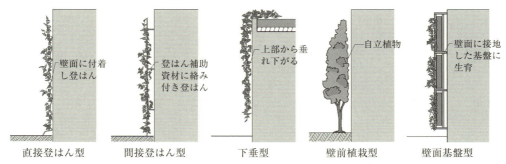

解説図Ⅱ.2-10　壁面緑化の基本型の模式図[11]

解説表Ⅱ.2-5　植物形態と緑化形態の相性[12] をもとに作成

緑化形態 植物形態	直接登はん	間接登はん	下垂	壁前植栽	壁面基盤
付着盤型	○	▲			
付着根型	○	▲	△		○
巻きひげ型		○			
巻き葉柄型		○			
巻きつる型		○			
寄りかかり型		▲	○	▲	△
下垂型		▲	○		○
一般的高中木				○	
一般的低木					○
一般的多年草					○
一般的一年草					○

凡例）　○：適　　△：やや適　　▲：誘引・結束が不可欠

解説表Ⅱ.2-6 植物形態と登はん補助資材の相性[13] をもとに作成

資材名 \ 植物形態		壁面自体	面状資材	線状資材	格子資材 平面格子	格子資材 立体格子	格子資材 ひし形金網	格子資材 樹脂ネット	打込点状資材	擦切防止資材
付着盤型		◎	◎	▲	▲	▲	▲	▲	—	—
付着根型		◎	◎	▲	▲	▲	▲	▲	—	○
巻きひげ・巻き葉柄型		—	—	●	◎	○	◎	◎	△	△
巻きつる型	ジャンピング型	—	—	○	◎	○	△	×	—	—
	忠実・堅固巻きつる型	—	—	◎	◎	○	×	×	—	—
	弛緩巻きつる型	—	—	○	○	◎	△	×	—	—
寄りかかり型		•	•	▲	●	▲	▲	×	▲	△
下垂型（下垂型緑化）		•	•	•	•	•	•	•	•	○
高木・中木		•	•	—	△	×	×	×	◎	—

凡例）◎：特に優れる　○：優れる　△：やや劣る　×：劣る　—：適さない
　　　●：優れる（誘引・結束が不可欠）　▲：やや劣る（誘引・結束が不可欠）　•：対象外

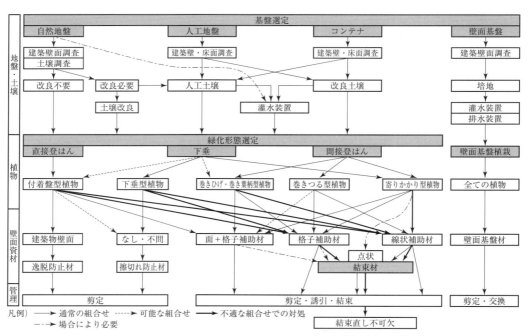

解説図Ⅱ.2-11　壁面緑化のフロー[14] をもとに作成

(3) 積載可能荷重，風荷重

壁面緑化の荷重は緑化形態で大きく異なり，直接登はん型の場合は植物のみの荷重であるが，間接登はん型の場合は「植物＋登はん補助資材」，壁面基盤型の場合は「植物＋基盤＋取付け架台」となる．これらの荷重は垂直に掛かるが，壁面から離れるに従い部材にモーメントが掛かるためその計算もしなくてはならない．また，壁面での風荷重は負圧の計算が必要であり垂直荷重より大きな荷重となるため，この計算がなされて十分な強度が確保されているかの確認が重要である．

登はん補助資材を壁面等に取り付ける場合，壁面自体の強度のみでなく取付け部材の強度・壁面構成部材との相性等においても問題がないか確認する必要がある．

(4) 結束資材

つる植物は新しく伸びた部分に登はん機能が生じるので，つる植物を用いた緑化では苗木から植栽することが基本である．しかし，緑化直後の景観を重視する場合，長尺の植物を植栽する場合もある．また，登はん補助資材と植物の登はん形態の組合せが適正でない場合，必ず人為的に誘引・結束する必要があり，経年的に結束直しを行うことが不可欠となる．この場合，植物が繁茂してしまうと結束位置が分からなくなり，結果として結束位置より上部が枯れてしまうことになる．

結束資材は設計段階で検討されない場合が多いが，施工段階では十分な検討と維持管理への引継ぎ事項としての記載が不可欠である．結束資材でのトラブルには，耐久性がなく結束が外れてしまう場合と，耐久性がありすぎて植物の肥大成長により，つるに食い込み折れる原因となる場合がある．

(5) 壁面基盤型緑化

壁面基盤型緑化には基盤の形状により，壁面吹付け型，壁面直付け型，ブロック・板型，パネル型，マット型，シート型，受け皿・ポケット型，ポット差込型，多段コンテナ型などの工法がある（**解説図Ⅱ.2-12参照**）．壁面基盤型緑化では，基盤材，基盤登はん補助材，取付け材，灌水装置等の耐久性により寿命が規制されるため，緑化の継続期間と各壁面基盤型緑化工法の耐久性を考慮して設計しているかの確認が重要である．

特に灌水装置は不可欠であり，灌水の確実性と排水の確実性は施工・維持管理に大きく影響する．壁面基盤型緑化においては，灌水のトラブルは全面枯死に直結するため，灌水装置の作動確認・警報装置及び体制がきちんと構築されているかの確認が重要であり，構築されていない場合，速やかに発注者，設計者と協議し対応処置を講じることが必要である．

登はん型の緑化に比較し，重量があるため壁面自体で保持するためには強固な構造が不可欠であり，施工・維持管理作業を考慮してあるかの確認も不可欠である．

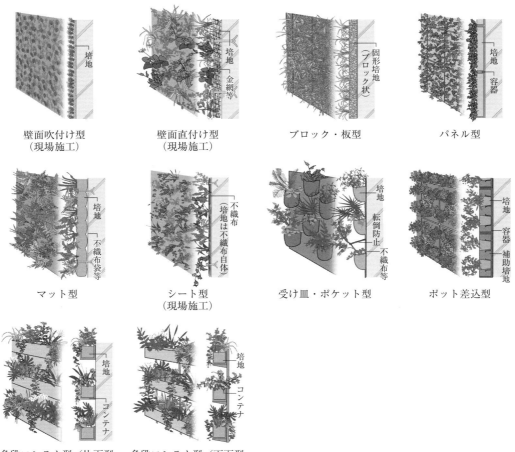

解説図Ⅱ.2-12　壁面基盤型緑化工法の模式図[15]

2.6.3　施工計画及び施工時の留意点

壁面への接近方法，施工時の安全対策，給水並びに排水，建築物・施工場所の養生，結束資材選定等について，十分な検討を行った上で，施工計画を立案しなければならない．また，施工時には，施工者及び施工場所周辺の通行者の安全確保を最優先した上で，確実な誘引・結束，灌水装置の取り付けに留意しなければならない．

【解　説】

壁面緑化の工事に当たっては，高所作業や足場が不安定な場所での作業が多くなるので，十分な事前調査を行い，特に安全対策に留意した施工計画，及び資材搬入計画を策定する必要がある．また，工事用通路，荷揚げ設備，仮設足場，資材置場，電力設備，給水設備などの仮設は，施工条件や工事日程，周辺環境などを考慮して施工に当たる必要がある．

(1) 壁面基盤

　基盤の形状により取付け方法が異なるため，事前に取付け用資材の確認を確実に行い，現場で寸法が合わないなどの事態がないようにする．重量のある基盤を壁面に取り付ける場合，不安定な高所作業車ではなく，仮設の足場を設けるなど安全に注意する．重量のある基盤材が風等で飛んだ場合，重大な事故につながるため，取付け方法，強度は入念にチェックし事故が起きないようにする．壁面からの排水処理は必ず行い，下部の舗装面などに水が流れないようにする．

(2) 植栽工

　ⅰ．直接登はん

　　苗を植え付けての緑化となるため，苗の枝が壁面に触れるように誘引しておくことが重要である．また，小さな苗の場合，ほかの工事等で踏み付けられたりすることがあるため，植物の存在を明確に示すことが必要となる．

　ⅱ．間接登はん

　　施工において登はん補助資材に誘引結束しておくことが重要であるが，植物が成長し幹が肥大したときに結束資材が幹に食い込まないよう，分解する資材を使用するか，ある程度伸長して結束が不要になった段階で除去する．

　ⅲ．壁面基盤

　　基盤と植物が一体となっているものがあるため，運搬時に傷まないよう注意する．また，壁面に設置するに当たり，土壌や植物等がこぼれないように注意する．現場で植物を植え付ける場合，植物や基盤土壌等が落下したりしないように十分気をつけて作業する．壁面基盤設置後，足場等を撤去した後での引渡しまでのメンテナンスは作業能率がよくない場合が多いので，事前に植物の汚れ，枯葉，花がらなどは入念に除去しておくことが重要である．

2.6.4 維持管理者への引継ぎ

　施工が完了した後，工事対象物を発注者に引き渡す際には，原則として維持管理者に管理上の留意点，特に灌水の頻度・量，不適切な組合せ時の結束直し等を明記した文書で引継ぎを行う．また，維持管理上の問題が生じた場合の責任の所在を，建築設計・緑化設計・施工・維持管理・使用者について，項目別に明記した書類を提出しておくことが望ましい．

【解　説】

　引渡し後の管理について維持管理者と協議して，どのように管理するか，連絡方法及び担当部署等を確認する．竣工図だけでなく，施工段階から維持管理へ移行するに当たり必要な事項を，書面に残して引き継ぐことが重要である．使用した資材の特性・耐久性，植物の特性，設計図書との相違事項，各資材・部材の納まり部分，結束・誘引の処理方法，灌水装置の性能・

使用マニュアル等を明記及び添付することが望ましい．

> ## 2.7 室内緑化
>
> 　室内緑化は，建築物の内部空間に緑を生育させるため，室内の環境条件，電気・給排水等の設備条件，植物の生育を確保する植栽基盤の問題，生育不良，施工面，維持管理面，植物交換等検討する項目は多岐にわたる．屋外での緑化工事と大きく異なる部分もあるため，施工から維持管理にわたる様々な過程において，不都合が起きないように対処しなければならない．
>
> ### 2.7.1　室内環境条件の把握
> 　施工に当たっては，緑化対象となる室内の光強度・照明時間，温度・湿度，給排水条件，空調の吹出し口，床の防水等を的確に把握しなければならない．

【解　説】
（1）室内の光環境

　植物の生育には光が不可欠であるため，植栽空間で得られる光の強さ（光強度）・継続時間が植栽される植物の要求量を満たしているか等は設計段階で検討され対処されているはずであるが，再確認することが重要である．植物の生育に必要な光は，人が感じる比視感度と異なるため，照度計での測定値をそのまま使用することはできず，光合成有効光量子量で表す必要がある（ランプ，自然光の色別に換算は可能である）．

ⅰ．光の強さ

　植物は，光合成により水と炭酸ガスから炭水化物をつくり出して生育している．光が弱くなると光合成量が少なくなり，吸収と放出の炭酸ガスの量が等しくなる．この時の光強度を補償点と呼び，補償点より低い光強度では光合成量が負の値になり，長期間では枯死する．光強度の増加とともに光合成量は増加するが，ある光強度で飽和状態になり，それ以上の光強度でも光合成量が増えなくなる．このときの光強度を飽和点と呼ぶ．

　補償点や飽和点は植物の種類によって異なるが，室内緑化では植栽する植物の補償点より強い光が不可欠であるため，確認が必要である（**解説図Ⅱ.2-13**参照）．

ⅱ．光の継続時間

　植物の生育に不可欠な光合成量を確保するには，光の強さだけでなくその持続時間も重要である．室内において光の強さが限られてしまう場合，時間を長くして全体量を確保することも可能であるが，植物により16時間以上の光照射では生育が悪くなるものがある．温帯性の落葉樹は，光の時間で花芽分化等を行うため16時間以上の光照射では生育が悪くなる．観葉植物では，昼間人の活動に必要なだけの光強度の光を当て，夜間人のいない時間に，光合成に十分な光強度の光を当てて生育させることも可能である（**解説図Ⅱ.**

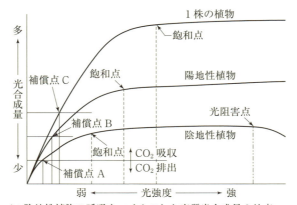

A：陰地性植物の呼吸をマイナスした実質光合成量0地点
B：陽地性植物の呼吸をマイナスした実質光合成量0地点
C：1株の植物全体の呼吸をマイナスした実質光合成量0地点

解説図Ⅱ.2-13　植物の補償点と飽和点

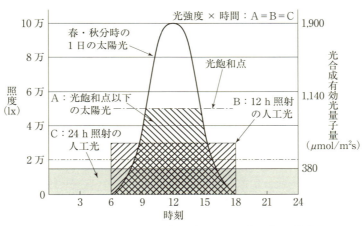

解説図Ⅱ.2-14　光強度（照度）×時間の等量値の模式図

2-14参照）．

ⅲ．自然光が入る場合

　室内への自然光の導入はガラス面を通して行われるが，ガラス面の位置，方位により，光強度，入射方向・時間帯，全てが異なってくる（**解説図Ⅱ.2-15参照**）．したがって照度計で照度を測定しても，1日の総光量は算出不可能である．魚眼レンズを使用して天空写真を撮影し，天空率及び太陽軌道図を重ねての直射光入射時間を算出した上で，ガラスの種類・厚さ別の光透過率，フレーム等による陰面積，ガラスの保守率（汚れによる光の減衰）を勘案して総光量を算定する．この総光量が，植栽植物種の補償点光強度を超えていなくてはならない（**解説図Ⅱ.2-16参照**）．

　設計時には天空写真の撮影はできないが，作図により天空図を作成することは可能である．施工の際はこのような検討を行い，光量を確保しているかの確認が必要である．

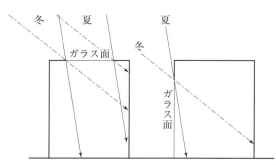
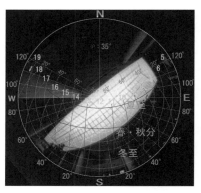

解説図Ⅱ.2-15　ガラス面の位置による光入射の違い[16]　　解説図Ⅱ.2-16　天空写真と太陽軌道図

ⅳ．人工光の場合

　照射面積が少ないか，発光面と植物との距離が短い場合（植物工場等）で，光強度もそれほど必要としなければ，白熱電球，蛍光ランプ，LEDランプ等の利用も可能である．面積が広い場合，発光面と植物との距離が長い場合，強い光を必要とする場合は，水銀ランプ，メタルハライドランプ，高圧ナトリウムランプ，高出力LEDランプ等の光源が必要となる．ランプの種類により，発生する光の波長（分光スペクトル）が異なるが，室内に植物を入れることはその緑を見るためであり，植物工場等で使用されている植物育成用蛍光ランプや，高圧ナトリウムランプのように葉が黒く見えては，植物を入れた意味がなくなってしまう．しかし，これらのランプは光合成の効率が高く，ほかのランプ（高演色メタルハライドランプ等）とカクテル光線にして使用する場合もある．ランプは強い光になるほど発熱量も増大し，ランプの消費電力を超える空調電力がかかってしまう場合も起こり得る．植物の生育や緑の見え方等を検討して設計しているかの確認が必要である（**解説図Ⅱ.2-17参照**）．

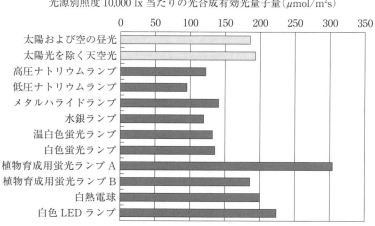

解説図Ⅱ.2-17　光源別照度と光合成有効光量子量の換算値

（2）室内の温度・湿度
ⅰ．温度条件
　　植物の生育と温度の関わりは，低温側・高温側の生存限界温度を超えた場合の枯死のほかに，光合成量や呼吸量等，植物の活性に関わるもの，低温による花芽形成や休眠等，植物に信号として関わるものがあり，植物の種別ごとにその生育適性温度は異なる．

　　室内においては，人が快適に過ごせる温度・湿度設定がなされているが，植物の生育においても，この温度帯であれば大方は問題ない．しかし，夜間等の人がいない時間帯，夏休み・正月休み等の長期に人がいない期間はその限りではないため，この間の温度が植物の生育に影響を与えないような対策を講じて設計されているかの確認が必要である．

ⅱ．湿　度
　　空調を集中制御している場合は 40% 以上は確保されているが，住宅等では湿度管理ができず，30% を切る場合もある．多くの植物にとって 40〜70% が適正湿度であるが，植物種によって好む湿度は異なる．室内においては，冬場に暖房を行うと，30% を下まわり 20% 近い湿度にまでなる場合もあり，乾燥害が出やすいため，対策を講じて設計されているかの確認が必要となる．

（3）風
　　室内においては，空調機の吹出し口からの恒常的な風があり，夏は冷風，冬は熱風となる．特に暖房の風はそれほど熱くなくても乾燥しており，葉の縮れ，葉縁の枯死等，植物の生育に障害が生じるため，植栽位置を変える等の処置が講じられているか確認する．空気が動かず完全な無風状態になる場合，葉の周囲から水蒸気，酸素，炭酸ガスがなくなってくるため，植物は生育できなくなる．0.5〜0.6 m/s 程度の微風は，これら植物の周りの空気を移動させ空気組成を一定に保つ働きをし植物の活性を高めるため，無風空間でないことの確認が必要である．

2.7.2　設計図書の確認
　　施工に先立って，設計図書に記載されている通りに施工して不具合が生じないかの確認が最も重要であるため，施工者は，このことについて細心の注意を払わなければならない．

【解　説】
　　室内緑化は建築物内部に造成するため，灌水の水漏れ，植物の生育不良・枯死，植栽地からの臭い等重大なトラブルが発生し得る．本来，設計段階での不備，維持管理面での不備であっても施工側の責任が問われる場合もあるので，十分な検証が重要である．トラブルにつながる懸念のある事項がある場合，発注者，設計者と協議して設計変更等の処置を講じる．

（1）植栽基盤
　　室内においては荷重の問題，防水・排水の問題も屋上緑化同様に存在する．室内では，汚

れのもととなる土壌の使用を希望しない発注者・建築設計者もいる．このため，土壌以外のもの（培地）を植栽基盤に使用することが多い．

植物の根は，養分，水分を土壌（培地）中から吸収しそれを地上部に輸送する．また，成長した地上部を支え，地上部で生産された栄養分の一部を蓄える役割を持っている．根が培地中で生存し伸長するには，植物体を構成する最大の成分である水と，水に溶けた養分，呼吸に必要な酸素の供給が不可欠であるため，これらがスムーズに供給されるかの確認が必要である．培地に要求される性質としては，通気性，透水性，保水性，保肥性，軽量性であるが，室内緑化では通気性を第一に考え選択する．

室内では，未熟な有機質を含むと腐敗による酸素不足を起こす場合があり，未熟な有機質土壌改良材は使用しない．人工培地として，ハイドロボール，ロックウール等が使用されるが，それらは栽培方法と密接に関連しており，その緑化システム全体を導入しなければならない．

(2) 灌　水

灌水の方法には，植物及び土壌の上から水を掛ける方法（表面灌水），土壌表面に水を供給する方法（地表灌水），土壌中に水を供給する方法（地中灌水），土壌の下に水を溜め毛細管現象で土壌に水を吸い上げさせる方法（底面灌水）があるが，培地と灌水方法は密接に関係しているため，適切な組み合わせであるかの確認が必要である．

装置のコントロールは，降雨がないため一定間隔で一定量灌水すればよく，多くはタイマーだけで制御されている場合が多い．しかし，灌水が作動しないと全面枯死につながるため，対策が講じられているかの確認が必要であり，対策が立てられていない場合，発注者，設計者と協議して設計変更等の処置を講じる．

(3) 植物種

室内の植栽に利用される植物は，熱帯，亜熱帯起源の観葉植物と，植栽地近辺に生息している在来種の樹木に分けることができる．旧来より一般的に用いられてきた，月1回程度の交換を前提とした貸鉢による緑化があるが，最近は貸鉢とは異なった短期交換型の緑化形態も出現している．

観葉植物は光要求量が少ないものが多く，二層，三層の植栽も可能であるが，最下層では特に冬に100 lx以下の光しか確保できない場合もあり，生育が悪くなって春になって枯れてしまう場合もあるため，その対策を講じて設計されているかの確認が必要である．

在来種で常緑樹の場合は，比較的光要求量が少ないものが多く，温度・湿度の面でも室内環境に順応するようである．しかし，雨が当たらないためか葉の照りがなくなることが多く，くすんだ色になりやすいため，維持管理での葉の洗浄が必要となる．また落葉樹の場合は，光要求量が多く，温度・湿度の面でも室内環境に順応しづらく，葉の縁が枯れる等の乾燥害が出たり，ハダニ等が大発生したり，落葉，新芽の展開サイクルが狂う等があるため，定期的な葉水掛けが必要となる．

2.7.3　施工計画及び施工時の留意点

建築物等の内部における施工準備など，通常の屋外における緑化工事とは異なる条件が多くあるため，小運搬，建築物・施工場所の養生，植物の馴化・搬入時の温度管理・病害虫の事前防疫等について，事前の調査に基づいて綿密な施工計画を立案しなければならない．また，施工時には，建築物と施工範囲並びにその周辺の養生の徹底，小運搬時や灌水時の水の流れと排水に特に注意しなければならない．

【解　説】
(1) 小運搬，建築物・施工場所の養生

室内緑化では資材の荷揚げと横方向への小運搬が重要であり，特に高木や大型コンテナ等重量物の植栽，設置には十分な検討が必要である．植物の植付けは建築物の竣工間近の短期間に行われることが多い．したがって，搬入路も限られてしまい大きな植物が入らなくなる場合もあるため，建築の施工者と十分な協議を行う必要がある．

室内では種々の環境圧のため，大きな樹木でも交換という事態が起こってくる．そのための搬出入口を建築設計段階で確保する必要があるとともに工事での養生計画も重要である．

施工に当たっては，建築物の躯体は出来上がっていても冷暖房等の設備がまだ運転されていないことが多い．このようなときの温度・湿度が植物の生育に影響を及ぼさないよう，施工時期に注意するとともに，時期が悪いときの対策を十分立てておく必要がある．

(2) 植物の馴化・搬入時の温度管理・事前防疫
　ⅰ．植物の馴化

太陽の光を十分に浴びて生育していた植物を，その光強度より極端に低い強度の室内へ突然入れると，多くの植物は今まで付けていた葉を落とし，一時は枯木同然となってしまう．その後，その光強度に合った（順応した）薄くて大きな葉を，以前より疎らに出してくる．このとき，光強度の差が大きいと1回では順応しきれず，2回，3回と葉を出し直し今まで蓄えた養分を使い果たして，枯れてしまう場合もある．植物が枯れていたり弱っていたりしては，室内に緑を入れた意味がないばかりか，反対に嫌悪さえ感じてしまう．したがって，室内に植え込む前に，あらかじめその場所の光強度に合わせた葉に出し直したものを入れることにより，枯木状態のところを見せない方法（馴化植物の利用）が設計図書に明記されていることを確認する．明記されていない場合は，発注者に一時枯木状態となることを知らせ，許容できるかを確認することが重要である．許容できないとの回答であった場合は設計変更の上，馴化を行う．

植物種により，馴化を行いやすいものと難しいものがあり，馴化が難しいものは無理に馴化しないで室内に植栽した方が結果も良い．馴化の方法は，まず露地植の植物を鉢上げし，細根を出させて生育が落ち着いてから光馴化を始める．米国では室内用植物も大量に生産されるため，光馴化用のシェードハウスに入れる．シェードの状態は，その植物を入れる室内とほぼ同じ光強度になるまで光を遮るようにする．光馴化の期間は植物種及び季

節により異なるが，条件の良い春から初夏に始めた場合，（例えばフィカスベンジャミン等では3か月で葉が入れ替わるが）安定させるには6か月必要である．

ⅱ．搬入時の温度管理

室内緑化では，植物を遠距離から搬入する場合が多く，運搬時にも注意が必要であり，その運搬時期に注意しなければならない．夏は太陽が当たったときの温度上昇，閉めきったときの蒸れが問題となる．冬は特に熱帯，亜熱帯性の植物を植栽する場合，低温が問題となるため，保冷コンテナ車で運搬することが望ましい．それ以外の季節であっても長距離の運搬となるため，極力風を当てないようにコンテナ車で運搬することが望ましい．

また，輸送するときの荷傷みを少なくするために梱包はきちんと行い，木生シダ等の折れやすいものは補強を十分に行う．

ⅲ．事前防疫

室内に植栽する植物は，よほど条件の良いところでない限り，植栽されてからは現状維持することも難しい．施工者は，出荷するときにきちんと形を整えるとともに，植物体の洗浄を十分に行う必要がある．

室内では病害虫防除用薬剤の，人体への影響や臭い等のため，薬剤散布は極力行わないように配慮することが望ましい．しかし，光不足等のため旺盛な生育ができない室内においては，病気や害虫の発生は多くなる．よって搬入前の徹底した防除が必要であり，強めの薬剤処理を行った後，卵等を落とすためにも洗浄が重要になる．

室内緑化では，持ち込んだ植物からの病害虫の発生がなければ，外部からの侵入は少ないため，発生がごく少なく，遅くなる．

2.7.4 維持管理者への引継ぎ

施工が完了した後，工事対象物を発注者に引き渡す際には，原則として管理上の留意点，特に病害虫対策，植物交換，灌水の手法・頻度・量等を明記した文書で引継ぎを行う．また，維持管理上の問題が生じた場合の責任の所在を，建築設計・緑化設計・施工・維持管理・使用者について，項目別に明記した書類を提出しておくことが望ましい．

【解　説】

（1）室内環境の維持

室内の緑化に関しては植栽の管理だけでなく，建築，設備等の管理も重要になる．これらを怠ると，植物の生育が悪くなるだけでなく，建築物全体へも影響を及ぼす場合がある．室内の緑を維持する上で，最も重要なものが光環境であり，当初の光強度が保たれるようガラス面の洗浄は重要である．人工照明のランプも，時間の経過とともに発光効率が落ちてくる．温度・湿度の管理は，植栽地の内部で基準範囲を超えないようにする．排水孔の詰まりがないかは，漏水とも関係するため，常に点検する．

これらの事項を明文化し，維持管理者に必ず行わせることが重要であり，維持管理を怠る

2章　植栽工事

ことにより発生した問題については責を負わないことを明確にしておく必要がある．

（2）葉の洗浄

屋外で生育している植物は，常に雨水により葉の表面を洗われており，葉の表面に着いたホコリ等だけでなく，葉から分泌された物質も洗い流されている（リーチングと呼ばれる）．多くの植物ではリーチングが起こらないと生育が落ちる．雨水の掛からない室内の植栽は，葉に埃や空気中の浮遊物及び葉から分泌された物質，カイガラムシの分泌物等が溜まってくる．これをそのままにしておくと蒸散作用，呼吸作用，葉の光合成作用の低下を来し，生育が衰え病害虫の発生が多くなり，見栄えも悪くなる．洗浄をかねて葉水を掛けることは，ハダニ等の防除にもなる．施工者は，このような葉の洗浄を維持管理者への申送りとして明記しておくことが望ましい．

（3）植替え

室内では環境圧が大きく，よほど条件の良いところでない限り，同一の植物を同一の場所で長期間にわたって生育させることは困難になる．その期間は植物の耐性と環境圧の強さに大きく左右される．また，生育していても形が崩れて見栄えが悪くなったときにも植替えが行われる．施工者は，このような場合を想定し，対処法を発注者・設計者と協議しておくことが望ましい．

Ⅱ部2章　参考文献

1) 堀大才（2006）：各論第12章　樹木の移植法：最新・樹木医の手引き　改訂3版，日本緑化センター，524
2) 山本紀久（2012）：造園植栽術：彰国社，89
3) 前出1），526
4) 内田均（2001）：根巻資材の特性—根巻行為が造園樹木の移植後の生育に与える影響：東京農業大学出版会，83-85
5) 日本植木協会企画・編集（1991）：緑化樹木の生産技術　第2集落葉広葉樹編：日本緑化センター，182
6) 日本緑化センター編集（2009）：公共用緑化樹木等品質寸法規格基準（案）の解説—第5次改訂対応版（国土交通省都市・地域整備局公園緑地・景観課緑地環境室監修）：日本緑化センター
7) 藤田茂（2012）日本一くわしい屋上・壁面緑化：エクスナレッジ，163
8) 前出7），184
9) 屋上開発研究会監修（2014）：新版 屋上緑化設計・施工ハンドブック：マルモ出版
10) 東京都新宿区編著（1994）：都市建築物の緑化手法—みどりある環境への技術指針（輿水肇監修）：彰国社
11) 前出7），303
12) 前出7），304
13) 前出7），335
14) 前出7），308

15) 前出7), 326
16) 建物緑化編集委員会編（2005）：屋上・建物緑化事典：産業調査会, 産調出版, 204

3章　緑地育成

3.1　整姿・剪定

　植栽された樹木の調和を保つためには，目的に合わせた大きさや樹形を維持するための整姿・剪定による管理が必要不可欠である．

　剪定は，植栽時の活着，樹形や花の鑑賞，実用，収穫などを目的として行われ，植栽地の特性に応じた目的と技法により実施する．

【解　説】
(1) 剪定の目的

　樹木の剪定は，樹種固有の美しい樹形を維持するとともに，植栽場所や周辺との調和，おさまりを考えた樹形の維持を行うものである．

　剪定は，私的な庭園樹とパブリックスペースの樹木では目的や技法も異なるものが要求されることに注意しなければならない．

　公園や緑地などパブリックスペースに植栽された樹木は，その空間の性格や印象を決定づける重要な造園施設であり，植物管理は管理費や業務量の面でも大きな部分を占めており，構造物や遊具など，ほかの公園施設とは異なり，育成・維持・保全管理を長期的視点でライフサイクルコストも含めて考えることが必要となる．

　公園の場合はその特性から，誰もが24時間利用できることが前提となっているため，管理者の常駐していないときにも安全で安心な空間を提供することが重要であり，多くの利用者の多様な要求にも可能な範囲で応えることが求められる．

　老若男女，不特定多数の人々が利用する公園緑地では，個々の樹木とともに対象地全体の樹木に着目し，植栽されている場所，機能，植栽目的などを考慮して，管理計画を立案することが必要である．

(2) 剪定の種類

　剪定手法としては，「切返剪定」「切詰剪定」「枝抜剪定」と，主に生垣や株物の樹冠の輪郭を整えるために行う「刈込み」などがある．切返剪定，切詰剪定，枝抜剪定は更に透かし剪定として，鋸透かし（野透かし），大透かし，中透かし，小透かし（三つ葉透かし，その他）に分類される．また，マツの手入れとして，みどり摘み，芽つぶし，もみあげがある（**解説図Ⅱ.3-1**）．

　街路樹等では，樹形の骨格づくりを目的とする基本剪定（「骨格剪定」又は「冬期剪定」とも言う）と，夏に樹冠から突出した枝や混み過ぎた部分の枝抜きを行う軽剪定（「夏期剪

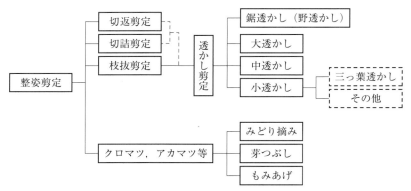

解説図Ⅱ.3-1　整姿剪定の種類

定」とも言う）に分けられる．
　一方，庭園樹（公園緑地内の庭園樹木を含む）では，基本剪定や軽剪定という用語を用いることは少なく，剪定手法の一つである「枝抜剪定」の枝の抜き方によって様々な透かし剪定を行う（**解説表Ⅱ.3-1**）．

解説表Ⅱ.3-1　透かし剪定の種類

種　類	概要（枝の抜き方）
鋸透かし（野透かし）	一般に大きく乱れた樹形をつくり直す場合や樹木生産において野木を仕立てる場合などに行われる． 樹種固有の美しい樹形としての目標樹形を設定し，樹種特性を考慮して剪定位置を定める．残った内側の枝についても，鋸にて適当な位置で切除する．
大透かし	混み合った樹林の日照管理や大きく樹冠を縮小する場合に行われる． 可能な限り送り枝のある部位で切り返すとともに不要枝を取り除き，残った小枝は適切な位置で切り詰める．
中透かし	比較的に樹形が整っている樹木で，一般に人目につく場所に植栽されている独立木又はそれに準ずる樹木を対象に行われる．
小透かし	一般に庭の中で重要なポイントとなる樹木などを対象に樹種や成長の程度と将来の芽の伸長を考慮して行うもので，最も手の込んだ剪定の一つである． 三っ葉透かしは，小透かしを行った後，それぞれの小枝に3枚程度の葉を残して枝葉の密度を整えて仕上げるもので，主に景観上重要な常緑広葉樹で行われる．

3.2 植栽養生

植栽養生は，植栽時に必要な養生と植栽後に必要となる養生に分けられ，植栽された植物が，本来の姿に枝葉を展開するまでには一定の期間が必要となる．

養生に当たっては，植栽目的，樹種特性，植栽地の環境を把握し，適切な方法で行わなければならない．

【解　説】

（1）養生の目的と管理項目

養生とは，植栽直後の植物を対象に，風，乾燥，低温，高温，栄養不足などの植物に対する様々なストレスに対して，風除け支柱，幹巻き，灌水，マルチング，除草，施肥などを行い，植栽した植物が自立できるようにするものである．

養生管理は，植栽後に植物が自立できるまでの期間に必要な管理を行い，その後の育成管理段階，抑制管理段階へ継承するものである．

養生の必要な期間は，植物の種類や大きさ，現場の環境と植物の適正により異なるが，根の良好な伸長と枝葉の展開が確認できるまで行う必要がある．

（2）植栽直後の養生

植栽とは，移植に伴い環境の異なる土地に植えられることである．その土地で根を伸長させて枝葉を展開させるまでの間，樹体を安定させることが主な目的であり，支柱，乾燥や温度変化に対応させるための幹巻き，根系域の乾燥を防止するためのマルチングなどを施し，適切な灌水を行う必要がある．

灌水は，植栽直後はその頻度を徐々に減らして樹木を順応させる必要がある．また，夏の灌水は早朝又は夕刻に行い，日射の強い時間帯は避けなければならない．

（3）支　柱

樹木の大きさや植栽の状態により適切な種類を選択するが，いずれの場合も樹幹や枝と接触する部分には杉皮で幹を保護し，しゅろ縄で結束する．

植栽後に新根が伸長する前に風などにより樹木が動くと，根の切断や土壌と密着せずに発根が阻害され，生育不良や枯死を招くこととなる．支柱の種類や素材によっては，樹木の生育に障害となる場合もあるので，活着後は適切な時期に点検を行い，取りはずしも検討する．

活着後であっても台風などにより同様の現象を起こすことがあり，風から植栽樹木を保護するために支柱を設置する場合もある．

（4）幹巻き

高木を植栽する際に樹冠を強く剪定すると，幹からの蒸散作用が大きくなり枯死の原因となる．これを予防するために，わらや土で幹を保護するために行う．

わらを使用する際は，稲わらをよく漉（す）き，根元から穂先を上にして樹幹長の 70〜80% 程度まで巻きつけてしゅろ縄で巻き上げる．

近年はわらの代わりに緑化テープを使用することが多いが，蒸散防止効果は十分ではない．

（5）水　鉢

灌水効果を上げるために樹木の根元直径の 5〜7 倍程度の位置に土で円形の土手をつくり，灌水が集中的に根系に浸透するように設置する．

（6）マルチング

土壌の乾燥防止，地温調節，雑草防止，霜害防止などの目的で，樹木の根元に，わら，こも，刈草，堆肥，ウッドチップなどで円形状に敷き均し地表面を被覆するものである．

秋以降の乾燥しない時期には，虫が侵入することもあるので取り除くことが望ましい．

（7）その他の養生

除草や施肥（「**3.3 施肥**」参照）などとともに，季節や地域に応じて次の養生を行う．

ⅰ．寒冷紗かけ

不適期植栽や暖地性樹木の寒冷期の植栽で，低温や風による乾燥から樹木を保護する目的で，樹冠を寒冷紗で覆う．

ⅱ．霜除け

暖地性の植物を霜害から保護するとともに冬の庭の装飾として行われる，ボタンの「わら着せ」などがある．

ⅲ．雪除け

積雪に対して枝折れを予防するために行われ，マツの「雪吊り」は，雪除けの機能とともに冬の庭の装飾としても効果的である．雪で樹形が乱れるおそれのある針葉樹などでは，枝を幹に寄せて縄で巻き上げる「巻き上げ」が行われることもある．

3.3　施　　肥

植物の良好な成長には栄養が必要であり，適切な施肥が必要である．果樹・花木，樹木の植栽時や定植後に衰弱した場合など，状況に応じた施肥を行う．

使用する肥料の種類，施肥量，施肥方法を十分に検討しなければならない．

【解　説】

（1）元　肥

植栽時に施す元肥は，即効性の肥料効果を期待するものではないため，有機質系や緩効性の肥料を使用することを基本とする．

（2）追　肥

植物の生育状況に応じて必要な養分を供給するために行うものであり，衰弱した場合は樹

冠の下に施肥をするが，新根に近すぎると「肥料負け」することもあるので注意が必要である．

なお，果樹類，花木類以外の植物は，生育が安定していれば急速に成長しないほうが景観上も管理上も好ましいため，追肥をすることは少ない．

（3）施肥の方法

樹木の根が四方に伸長できる植栽地では，**解説図Ⅱ.3-2**のような方法で施肥を行う．

ⅰ．高　木

　根元直径の5～6倍の位置（樹冠の地上投影部）に，環状又は放射状に7，8箇所20～30 cm程度の深さで穴を掘り施肥する．

ⅱ．中・低木

　樹冠の外周に放射状に4～6箇所20～30 cm程度の深さで穴を掘り施肥する．

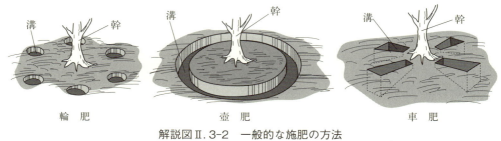

解説図Ⅱ.3-2　一般的な施肥の方法

3.4　病害虫防除

植物の良好な生育を確保するために行うものであり，病害虫の種類や発生状況に応じて，人や環境への影響を最小限にするため，適切な方法により防除を行わなければならない．

【解　説】

（1）病害虫防除の基本的考え方

造園植栽における病害虫防除は，農作物とは違い「農薬その他の防除資材の使用量を経済的に正当化できる水準に抑える」ことは，一概には当てはまらない．

総合的病害虫・雑草管理（IPM：Integrated Pest Management）の考え方を基本として，全てに用いることが可能な防除技術を十分に検討し，それに基づき，病害虫の密度の増加を防ぎつつ農薬そのほかの防除資材の使用量を経済的に正当化できる水準に抑え，かつ人及び環境へのリスクを減少し又は最小とするように，適切な防除手法を組み合わせることが必要である（**解説図Ⅱ.3-3**参照）．

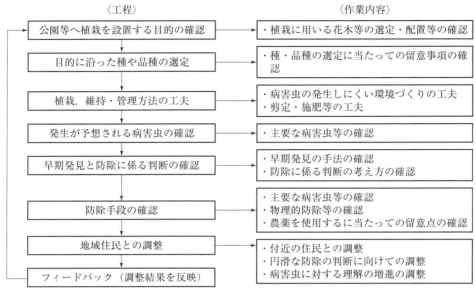

解説図Ⅱ.3-3 公園等植栽の計画段階についてのフロー[3]をもとに作成

(2) 早期発見の重要性

　　病虫害を予防するためには，観察や病害虫発生予察等により，対応が容易な早期発見を前提とするが，発生した場合の危害の判断及び農薬の使用も含めた防除に係る施策も検討する（**解説図Ⅱ.3-4 参照**）．

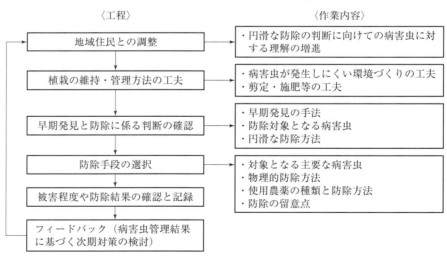

解説図Ⅱ.3-4 公園等植栽設置後の管理段階についてのフロー[3]をもとに作成

(3) 病害虫防除と安全

　　病害虫の発生が確認された場合，防除の必要があるかどうかの判断を行う必要がある．

早期発見により発生初期の防除が可能な場合は，特別な理由がない限り，剪定・捕殺，焼却，こも巻き，除草などの「物理的防除」で対応すべきである．

　早期防除ができなかった場合には，発生した病気・害虫の種類と規模を把握した上で，人と植栽への影響を考慮し，適切な防除方法を選択する．

　農薬による防除を行う場合は，最小限の区域で適切な農薬を使用し，人畜や環境への負荷を低減できるように生物農薬やフェロモン剤を優先的に利用する．それ以外の農薬を使用する場合は，粒剤等の飛散の少ないものの使用や，飛散防止に配慮した作業方法によらなければならない．

Ⅱ部3章 参考文献
1) 日本造園建設業協会編集（2015）：造園安全衛生管理の手引き（第5版），日本造園建設業協会
2) 農林水産省（2013）：住宅地等における農薬使用について（平成25年4月26日付け25消安第175号・環水大土発第1304261号）
3) 環境省水・大気環境局土壌環境課農薬環境管理局（2014）：公園・街路樹等病害虫・雑草管理マニュアル～農薬飛散によるリスク軽減に向けて～，平成22年5月（平成26年1月改訂），4

4章　施設工事

4.1　土系舗装工

　造園工事における土系舗装工は施工場所が複雑な地形の場合が多いため，施工前に排水計画を立てなければならない．排水勾配は2%程度を基準とするが，やむを得ずこれによらない場合でも，広場の端にわずかに水が溜まる程度に計画する．
　この節では，土系舗装工として以下を対象とする．
（1）ダスト舗装
（2）芝舗装
（3）耐踏圧性芝生舗装

【解　説】
（1）浸透排水が期待できるために排水勾配を余り考えないで施工する例が多いが，間違いである．ダスト舗装も完成後は踏圧と降雨により固結化するため，浸透排水が期待できないからである．集水桝が少なく所定の排水勾配が確保できない場合でも，わずかに園路あるいは広場の端に水が溜まるよう，舗装面の中央部を端部より少し高くして「張り」を感じさせるように施工することが望ましい（**解説図Ⅱ.4-1**）．

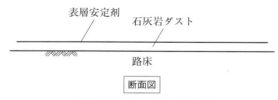

解説図Ⅱ.4-1　ダスト舗装

（2）砕石路盤により排水は問題がないと思いがちであるが，排水に対する考え方は（1）のダスト舗装と同じである．また，芝の生育のためには，基盤は固結しにくい土壌を使用しなければならない．修景的な見地から，円形の芝生広場の場合は通常の直線張より円形張が望ましい（**解説図Ⅱ.4-2**）．
（3）駐車場を芝生化する場合に採用される工法で，砕石路盤の上にプラスチック製の枠を布設し，更に芝生用の土を入れて芝生を張って完成となる（**解説図Ⅱ.4-3**）．車の踏圧はプラスチック枠が受けることから，芝生用の土を余り考えないで現状土を使用する場合が多い．

4章 施設工事

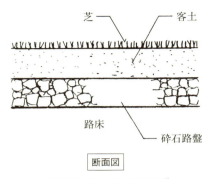

断面図

解説図Ⅱ.4-2 芝舗装[1]

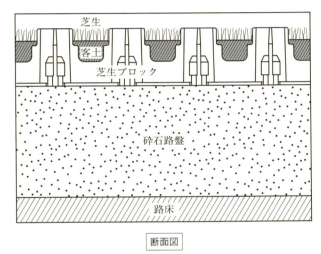

断面図

解説図Ⅱ.4-3 耐踏圧性芝生舗装[2] をもとに作成

現状土の物理性が透水性のある固結しない土であれば問題ないが，粘性土の場合，ほぐして使用しても何回かの降雨があると土が固結し芝生が生育できない場合が多いため，使用してはならない．

また，砕石路盤の不陸調整に砕石ダスト等を敷くことがあるが，目つぶし程度にすることが望ましい．理由は，厚く布設した場合，降雨により浸み込んだ水によってダスト等が流動化し不陸調整の意味がなくなるからである．なお，砂は砕石ダストより流動化しやすいので使ってはならない．

4.2 石材系舗装工

造園工事における石材系舗装工は狭小で複雑な地形の場合が多いため，施工前に排水計画を立てなければならない．排水勾配は2％程度を基準とするが，やむを得ずこれによら

ない場合でも，広場の端にわずかに水が溜まる程度に計画する．

石材系舗装工において下地コンクリートを打設する工種については，伸縮目地を必ず設置する．設置頻度は $16 m^2$ ごとを標準とする．

この節では，石材系舗装工として以下を対象とする．

（1）平石張舗装（野面）
（2）平石張舗装（切板石の割石）
（3）ごろた石張舗装
（4）割板石張舗装
（5）小舗石舗装
（6）切板石張舗装

【解　説】

（1）大きさの異なる野面平石を用いて，修景的配慮を加えながら表面が平滑になるように張り合わせる．鉄平石張，青石張，丹波石張のように合端加工を行う張り方と，タンコロ張，根府川石張のように合端加工をしないで組み合わせて張る方法がある．張り方は乱形張，方形張，直線張のいずれかである．直線張以外の場合，石の大小をバランス良く組み合わせ，四つ目地，通り目地等の美観的に好ましくない模様取りは避けなければならない．また，舗装端部に小さい石を張ると剥がれやすく，修景上も安定感に欠けるため，避けなければならない（**解説図Ⅱ.4-4**）．

平面図

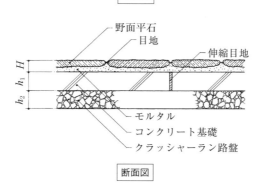

断面図

解説図Ⅱ.4-4　平石張舗装（野面）[3]

（2）大きさの異なる切板石の割石（整形張用切石の端材が多い）を用いて修景的配慮を加えながら表面が平滑になるよう張り合わせるもので，乱形張が多く石の種類は問わない．合端加工を行いながら石の大小をバランス良く組み合わせ，四つ目地，通り目地等の美観的に好ましくない模様取りは避けて張らなければならない．また，舗装端部に小さい石を張ると剝がれやすく，修景上も安定感に欠けるため，避けなければならない（**解説図Ⅱ.4-5**）．

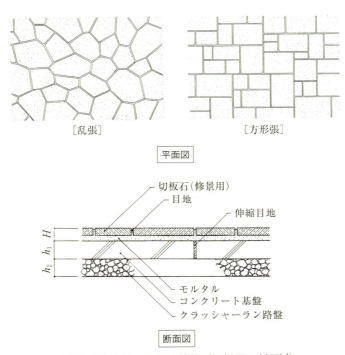

解説図Ⅱ.4-5　平石張舗装（切板石の割石）[4]

（3）土極めまたは砕石路盤の上に直接モルタルで張る場合が多く，目地は通常深目地となるため，ある程度の根入れがないと剝がれてしまう．材料は平坦な面を持ちながら偏平でないものを選別して使用しなければならない．また，延段で使用する場合の端部，階段で使用する場合の踏面端部は，大きめの石を使用しなければならない．これにより剝がれにくくなるとともに安定感のある模様となる（**解説図Ⅱ.4-6**）．

（4）整形の割板石を用いた石張で，厚さは 80 mm 以上である．都電の敷石が典型的な割板石である．割石であるため，石の表面や角部が鋭利な場合が多く，そのような場合は現場で加工しなければならない（**解説図Ⅱ.4-7**）．

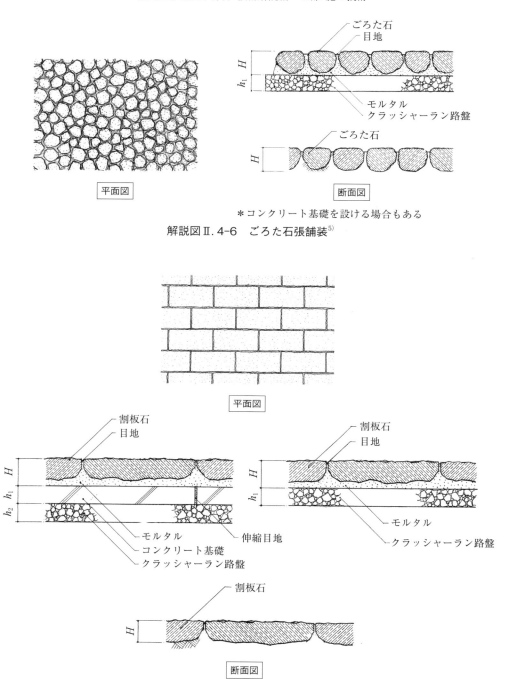

解説図Ⅱ.4-6　ごろた石張舗装[5]

＊コンクリート基礎を設ける場合もある

解説図Ⅱ.4-7　割板石張舗装[6]

（5）80〜100 mm の立法体に割った石を張るもので，直線張，うろこ張，円形張がある．うろこ張，円形張は現地に合わせて張模様を計画してから施工しなければならない．割った石

であるため，どの面を舗装面にするか材料を吟味しながら平滑に，また合端が合うように加工しつつ張らなければならない．美観的には，舗装面の中央部を端部より少し高くして「張り」を感じさせるように施工することが望ましい（**解説図Ⅱ.4-8**）．

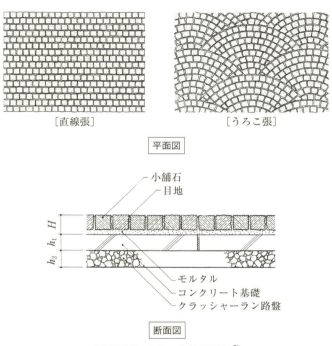

解説図Ⅱ.4-8　小舗石舗装[7]

（6）厚さ15～30 mmに切断された整形的な石材を用いた石張で，通常の石張と言えばこれを指す．下地コンクリートの伸縮目地位置に石張の目地を合わせなければならない．伸縮目地を覆うように施工すると，伸縮目地に沿って石張にひび割れが生じることになる（**解説図Ⅱ.4-9**）．

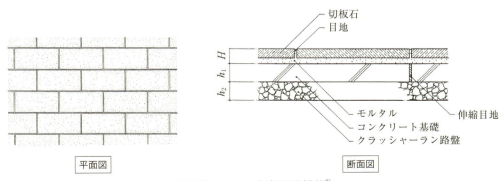

解説図Ⅱ.4-9　切板石張舗装[8]

4.3 園路縁石工

園路を美しく見せるための見切り線となる縁石は，側面と天端のおさまりに留意して施工しなければならない．

この節では，園路縁石工として以下を対象とする．

（1）ごろた石縁石
（2）雑割縁石

【解　説】

（1）通常では縁石ラインを美しく見せるために側面の片方と天端が平坦になるように並べなければならない．ただし，それを望まず，側面も天端も凸凹で大小のごろた石を組み合わせながら並べる方を望む場合がある．その場合は大小のバランスを考え，据付け前に配石することが望ましい（**解説図Ⅱ.4-10**）．

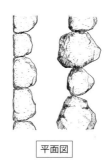

平面図

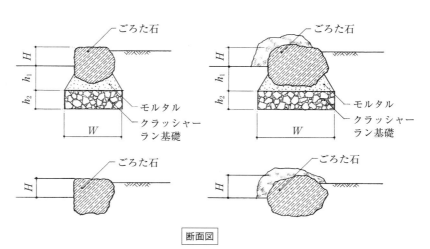

断面図

＊コンクリート基礎を設ける場合もある

解説図Ⅱ.4-10　ごろた石縁石[9]

（2）四方を落として天端の高さと合端を加工しながら施工するが，雑割石の面が凹んだ形状の場合は，石材らしさを見せるために，更に加工して張り出した凸形状にすることが望ましい（**解説図Ⅱ.4-11**）．

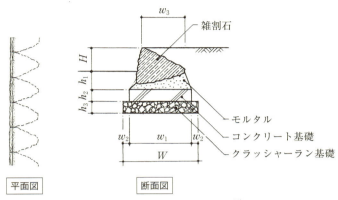

解説図Ⅱ.4-11　雑割縁石[10]

4.4　石　積　工

　造園の石積と土木の石積の違いは，修景と機能の違いである．土木にとって石積は土留めの機能が主に求められる．したがって強度を最優先した施工になるが，造園は修景的要素がむしろ強いことを認識しなければならない．

　裏込コンクリートを打設する石積の場合，延長で8mを基準に基礎から伸縮目地を設置しなければならない．

　この示方書で対象とする崩れ積工以外の石積工で，高さが600mm以上で土圧が掛かる場合には，水による土の流動化を防ぐため，背面に必ず裏込砕石あるいは割栗石を施し，コンクリートを打設する場合は水抜き穴を設置しなければならない．

　この節では，石積工として以下を対象とする．

（1）崩れ積工
（2）面積工
（3）玉石積工
（4）小端積工（割小端，野面小端）
（5）切石積工（布積）
（6）切石積工（乱形積）
（7）間知石積工（谷積）
（8）雑割石積工（布積，谷積）
（9）雑石積工

(10) 割石積工（布積，谷積）
(11) 割石積工（乱形積）

【解　説】
　石積は本来，空積で石の重さを利用して堅固に積むことが求められてきた．だが空積であれば崩れてしまうような積み方をしても，裏込コンクリートを打設すれば崩れることはない．しかし，そのために崩れそうに見える石積は造園修景上好ましくない．造園では，修景的に優れ安定感のある石積が求められる．
（1）大きさの異なる野面石を使用し，仕上がり面は凸凹で変化に富むように積み上げる．石積が崩れそうに見えたり崩れたように見えながら実は崩れない石積で，石と石とのかみ合わせが全てである．石積というよりも石組に近い工法である．野面石を大小バランス良く組み合わせるが，根石は上に乗せる石を想定して施工する．また，迫力のある崩れ積とするために天端石や端部の留め石は大きめの石を使用しなければならない．全て空積とし，裏込コンクリートは打設しない．目地も空目地であるが，石と石の隙間に土を詰めて植物を植えることが多い（**解説図Ⅱ.4-12**）．

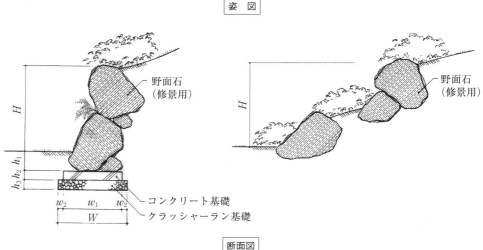

解説図Ⅱ.4-12　崩れ積工[11]

（2）大きさの異なる野面石を使用した石積で，仕上がり面が平らになるように積み上げる．大小の石を四つ目地や通り目地ができないようにバランス良く組み合わせて積む．石積の高さを考慮しながら，根石の段階で上に乗せる石を想定しなければならない．安定感のある石積とするために，天端石，角石，端部の留め石は大きめの石を使用しなければならない．また小さい詰め石を多用しすぎると，美観を損ねるので配慮が必要である．現在では空積と裏込コンクリートを打設する場合があるが，目地はどちらの場合も空目地である（**解説図Ⅱ.4-13**）．

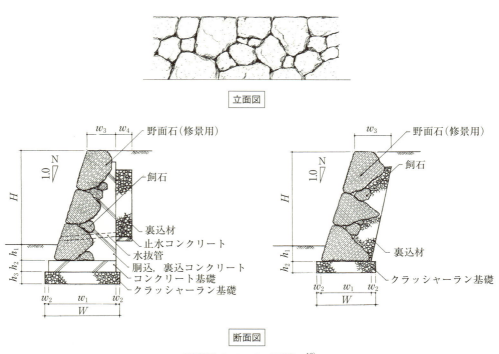

解説図Ⅱ.4-13 面積工[12]

（3）河川で発生する丸みを帯びた卵形の石を積み上げる．積み方は小口積，長手積，矢羽積が通常であったが，現在では均一な形状の玉石が入手困難であるため，大小の玉石をバランス良く積み上げる標準積で裏込コンクリートを打設する工法が主流である．極端に偏平な玉石は剥がれやすいため使用しない．目地は剥がれないように玉石の半分以上を埋め込む浅目地とし，富配合のモルタルで施工しなければならない．また，崩壊の原因となるため，目地を上下に通さないようにしなければならない（**解説図Ⅱ.4-14**）．

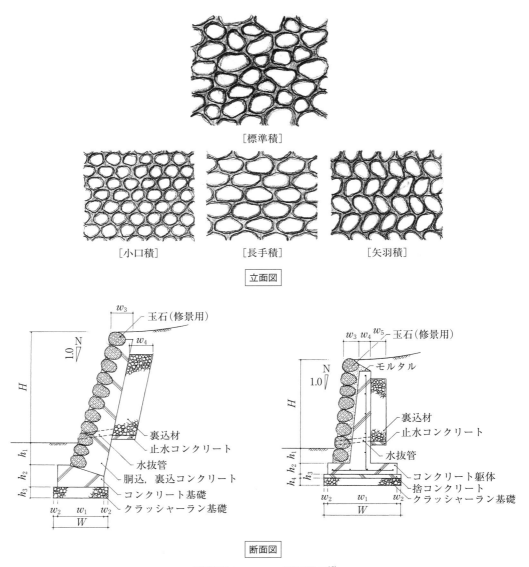

解説図Ⅱ.4-14　玉石積工[13]

（4）野面石を使う場合もあるが，通常は割石の小口が見えるように水平に積み上げる．厚さを揃える場合と，様々な厚さを揃えてバランス良く積み上げる場合がある．通常はコンクリート擁壁を立ち上げ，その仕上げとして擁壁の全面に積み上げていく．目地は深目地とし，1枚1枚の石の角を活かして水平を強調するように施工しなければならない．天端石は剝がれないように富配合のモルタルで圧着しなければならない．天端石が100 mm以上の厚い石の場合は，ダボ筋（支持金物）を使用して固定する（**解説図Ⅱ.4-15**，**解説図Ⅱ.4-16**）．

4章　施設工事

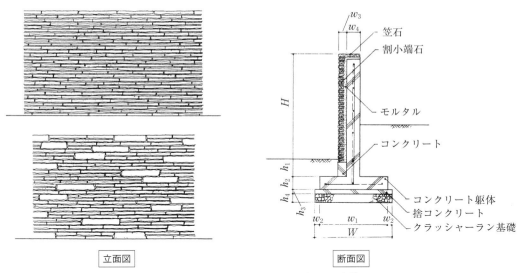

解説図Ⅱ.4-15　小端積工（割小端）[14]

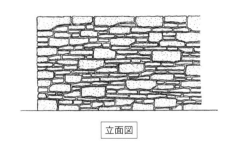

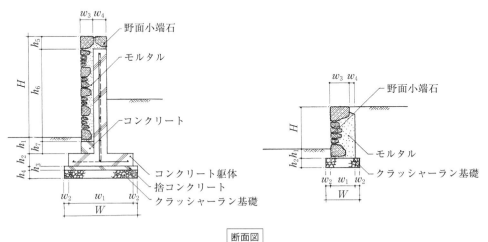

解説図Ⅱ.4-16　小端積工（野面小端）[15]

（5）四角に整形された切角石をコンクリート基礎上に石だけで積む工法と，あらかじめコンクリート擁壁を立ち上げてその前面に石を積む工法があるが，前者の場合，余り高くは積めず，石の厚さも（石の幅にもよるが）120 mm 以上必要となる．後者の場合，石の厚さは問わないが石張ではないので 100 mm 程度は必要である．どちらの工法も，石と石の接ぎにはダボ筋を使用して目地は 10 mm 以下としなければならない（**解説図 Ⅱ. 4-17**）．

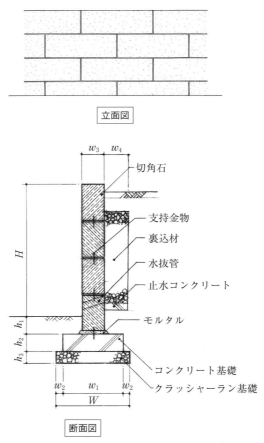

解説図 Ⅱ. 4-17　切石積工（布積）[16]

（6）方形や多角形が直線的に切加工された，厚さが 100 mm 以上の切角石を使用し，バランス良く積み上げる．石だけでは不安定になるため，必ずコンクリート擁壁を立ち上げ，その前面に積む．目地は上下に通さないようにし，かつ 10 mm 以下としなければならない．原則的には石と石の接ぎにはダボ筋を使用するが，高さが 1.5 m 以下で使用材料が多角形でかつ 300 mm 程度以下の場合は使用できない（**解説図 Ⅱ. 4-18**）．

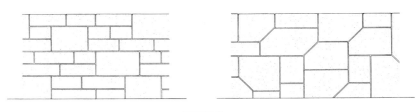

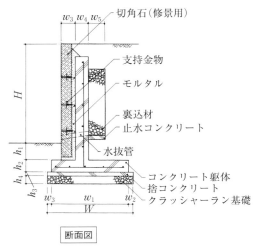

解説図Ⅱ.4-18　切石積工（乱形積）[17]

（7）間知石を使用する石積で，積み方は谷積となり，通常は空積である．玄能，コヤスケを用いて合端加工を行う．目地幅は10 mm以下とし，空目地としなければならない．空積は，石の重さと石同士のすり合わせだけで強度を確保するため，水による背面からの土圧がかからないように，裏込材・胴込材とも透水性の良好な材料を使用するよう特段の配慮をしなければならない（**解説図Ⅱ.4-19**）．

解説図Ⅱ.4-19　間知石積工（谷積）[18]

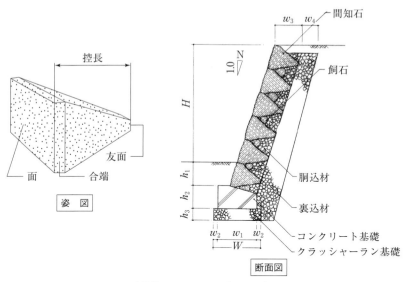

解説図Ⅱ.4-19 (つづき)

(8) 雑割石を使用して積み，合端は玄能払い程度の少し荒っぽい強度を優先した積み方で，布積と谷積がある．原則として裏込コンクリートを打設する．裏込コンクリートのモルタル分が石の目地から出てくるまでコンクリートを詰め込まなければならない．目地は塗目地が通常であるが，造園では美観的に深目地とする場合が多い（**解説図Ⅱ.4-20**）．

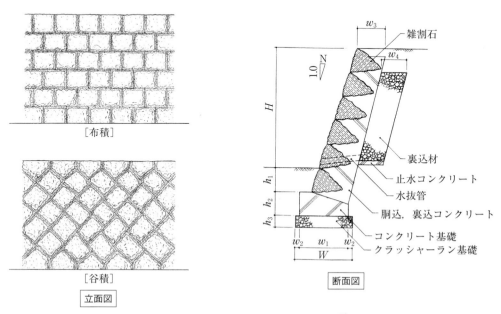

解説図Ⅱ.4-20　雑割石積工（布積，谷積）[19]

(9) 形状規格が一定していない雑石を使用して，大小バランス良く積み上げる．原則として裏込コンクリートを打設する．合端加工は行わず，石をそのまま積み上げ，目地は剝がれないように玉石の半分以上を埋め込む浅目地としなければならない（**解説図Ⅱ.4-21**）．

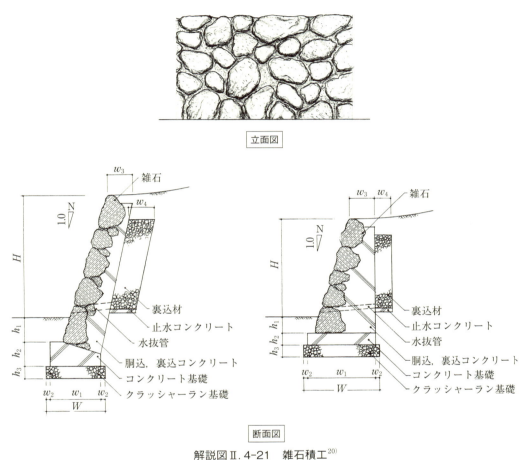

解説図Ⅱ.4-21 雑石積工[20]

(10) 割石を使用して積み，合端は玄能払い程度とした積み方で，布積と谷積がある．目地幅は，10 mm 以下としなければならない．原則として裏込コンクリートを打設する．目地は空目地とする（**解説図Ⅱ.4-22**）．

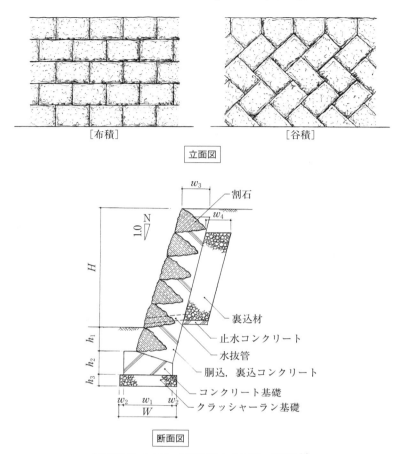

解説図Ⅱ.4-22　割石積工（布積，谷積）[21]

(11) 割石を生産するときに発生する修景用雑石と割角石を使用して，大小バランス良く組み合わせ，模様取りを考えながら面を揃えて積み上げる．原則として裏込コンクリートを打設する．玄能，コヤスケを用いて合端加工を行い，目地幅は 10 mm 程度とする．目地は通常，空目地である．石積の安定感を配慮し，天端石，角石，端部の留め石は大きめの石を使用しなければならない（**解説図Ⅱ.4-23**）．

4章 施設工事

立面図

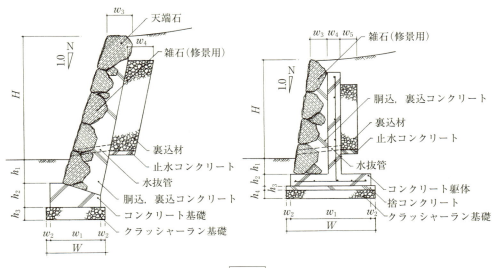

断面図

解説図Ⅱ.4-23　割石積工（乱形積）[22]

4.5　雨水排水設備工

　排水管渠の勾配は1％以上とするが，全ての系統がなるべく同程度の勾配となるように，必ず施工前に最終流末を確認して勾配計画を立てなければならない．また，集水桝の位置と高さは園路舗装の排水計画をもとに施工前に計画しなければならない．
　この節では，雨水排水設備工として以下を対象とする．
（1）管渠工
（2）集水桝工

【解　説】
（1）集水桝への接続高（管底高）は流入口より流出口は20 mm程度低く設定し，流出口の管底高は桝底より150 mm以上高く設置し泥溜めを設けなければならない．また，流入管と流出管の角度は90°以上が望ましい（**解説図Ⅱ.4-24**）．

— 103 —

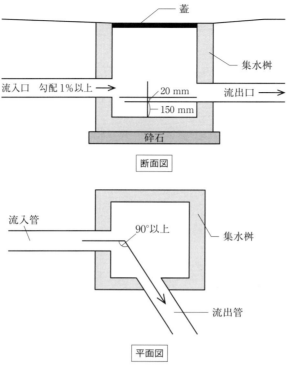

解説図Ⅱ.4-24　管渠工

（2）集水桝の周辺は，舗装が凹んで桝が高くならないように特に入念に転圧しなければらない．最善の方法としては，将来，桝周辺の舗装が少し凹んでも桝としての機能が確保できるように，桝を計画高よりも 20 mm 程度低く設置し，その高さに舗装をすり付けることが望ましい（**解説図Ⅱ.4-25**）．

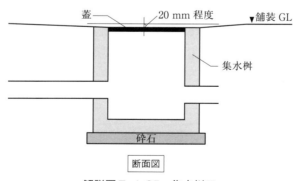

解説図Ⅱ.4-25　集水桝工

4.6 石組工

　石組に使う野面自然石は原則として加工することがないため，石を汚したり，傷つけてしまった場合に補修ができない．したがって，石を傷つけないためにワイヤーで玉掛けするときにはヤワラ等で養生することが望ましいが，石のバランスが悪く安全な玉掛けができない場合や設置後のワイヤー引抜きに支障をきたす場合は，養生を省くことができる．ただし，最小の傷で済むように細心の注意を払って施工しなければならない．石を保管する場合は，ストック場所が確保されるならば一石ごとに間を空け，上下に重ねて置かないようにすることが望ましい．

　この節では，石組工として以下を対象とする．
（1）景　石
（2）護岸石組
（3）滝石組
（4）流れ石組

【解　説】

　全て不定形な自然石を使っての施工となるが，「このように組まなければならない」といった制約は基本的にはない．石組の手法は設計者の意図によるところが大きく，「真」「行」「草」と言われる日本庭園古来の手法のどれを選ぶかで修景的には全く異なる（Ⅲ部1.1.4「(3) 敷石・延段・飛石」参照）．また，それらを全て無視して独自の手法で行う場合もある．したがって，設計者の立会いを求めるか設計意図を十分に理解して施工することが望ましい．

（1）一石または数石で庭園及び空間に調和のとれた配石を行うもので，配石の手法は設計者の意図による．通常は土ぎめとなるが，降雨などで石が動かないよう十分に締固めなければならない（**解説図Ⅱ.4-26**）．
（2）日本庭園の「流れ」や「池」に使われることが多く，庭園の重要な修景上の要素となる．護岸石組の手法は設計者の意図による．流れや池の水面の高さ，水の勢いを想定して施工しなければならない．通常はコンクリート躯体の上に石と石が二点以上噛み合うように据付け，躯体と石との間はコンクリートを充填するが，コンクリートのモルタル分が石に付着しないようにしなければならない（**解説図Ⅱ.4-27**）．

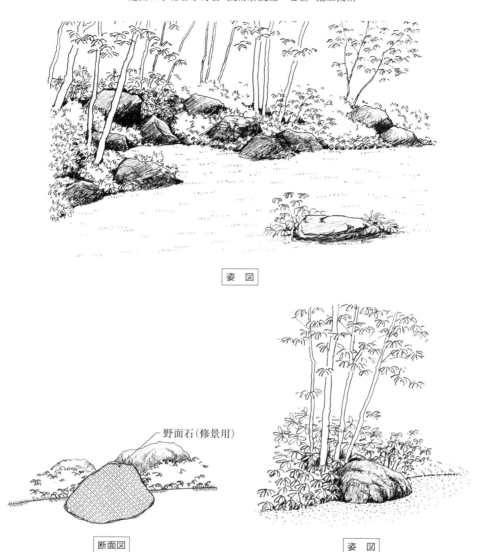

解説図Ⅱ.4-26　景石[23]

4章 施設工事

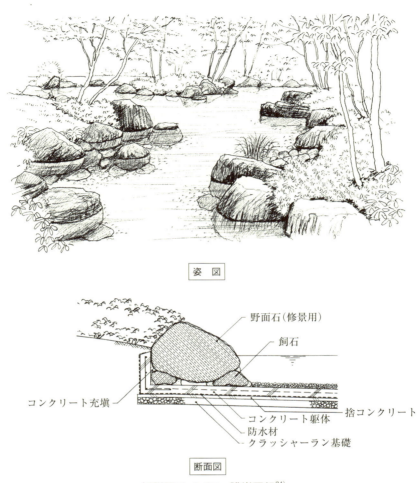

姿 図

断面図

解説図Ⅱ.4-27 護岸石組[24]

(3) 日本庭園の「滝」に使われることが多く, 庭園の重要な修景上の要素となる. 滝石組の手法は設計者の意図による. 滝の景観だけでなく, 水の流れ方, 勢い, 落ち方も修景上の要素となるため, それらを全て想定して施工しなければならない (**解説図Ⅱ.4-28, 解説図Ⅱ.4-29**). 特殊な形の石も必要なことがあるので, 石材の現場搬入前に採石場で選び, 搬入することが望ましい. 水の落とし方には, 「糸落ち」「重ね落ち」「片落ち」「そば落ち」「段落ち」「伝い落ち」「布落ち」「離れ落ち」「向かい落ち」「分かれ落ち」などがある (「**解説図Ⅲ.1-6 代表的な滝石組の例**」参照).

姿 図

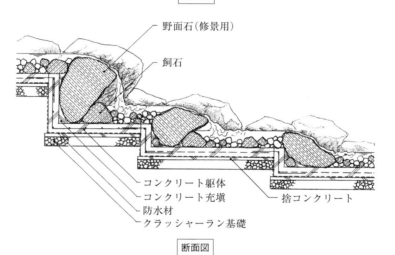

野面石（修景用）
飼石
コンクリート躯体
コンクリート充填
防水材
クラッシャーラン基礎
捨コンクリート

断面図

解説図Ⅱ.4-28　滝石組①[25]

4章 施設工事

姿 図

断面図

できるだけ長く(2m以上が望ましい)
野面石(修景用)
飼石
コンクリート充填
コンクリート躯体
防水材
クラッシャーラン基礎

解説図Ⅱ.4-29 滝石組②[26]

(4) 流れにおいて，護岸以外で流れの趣を増大させるために設置する．手法は設計者の意図による．一般的には「沢飛石」「底石」「立石」「つめ石」「水切石」「水越石」「横石」などがある．特殊な形の石が必要なこともあるので，石材の現場搬入前に採石場で選んでから搬入することが望ましい（**解説図Ⅱ.4-30**）．

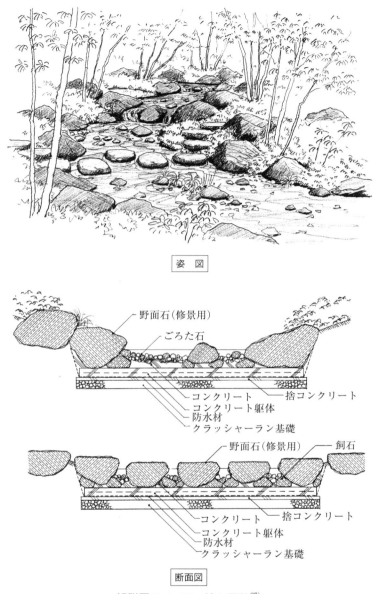

解説図Ⅱ.4-30　流れ石組[27]

4.7　その他施設の仕上げ工

現場組立物，製品物，現場施工遊具に限らず，必ず仕上げ部分の仕上がり状況と安全確認を行わなければならない．

この節では，その他施設の仕上げ工として以下を対象とする．

> （1）遊戯施設工
> （2）建築施設工・サービス施設工
> （3）管理施設工
> （4）塗装仕上げ工

【解　説】
（1）製品遊具には安全領域が設定されている．設置場所が設計図で明示されていたとしても施工の際は安全領域を確認しなければならない．また，遊具設置場所の地盤が傾斜している場合で利用者の危険が察知される場合は，地盤を周辺地盤との取り合いを考えて平坦にするか，それができない場合は設置位置を平坦な場所に変更しなければならない．

遊具は製品で，搬入又は製品を現地で組み立てる場合が多い．これらの製品は安全基準を満たし，保証されている場合が多いが，搬入時の傷，組立時のミス等も考えられるので，設置前に必ず第三者的に安全性の確認をしなければならない．これについては「都市公園における遊具の安全確保に関する指針」[28)29)]及び「遊具の安全に関する規準」[30)]を参考に施工することが望ましい（Ⅲ部5.2「（2）遊具の安全規準」参照）．

現場施工遊具には砂場，石の山，幼児プールなどがある．その安全性を確保するために，製品遊具同様「都市公園における遊具の安全確保に関する指針」[28)29)]及び「遊具の安全に関する規準」[30)]を参考に施工することが望ましい．

（2）ベンチ，野外卓，スツール，パーゴラ，四阿（あずまや）などは利用者が直接手で触れることが多いので，木製，金属製，プラスチック製，石製に限らず危険性のある鋭角の有無，更に木製の場合はささくれの有無を確認しなければならない．危険性が確認された場合は，補修あるいは取替えをしなければならない（Ⅲ部5.2「（3）その他の公園施設」参照）．

（3）管理施設工の中でも，狭小な造園工事におけるフェンス工は曲点及び端部処理が多いため，施工前に設置箇所を計測して施工図を作成することが望ましい．また，端部処理の際に発生する切断面は安全に処理しなければならない．

（4）現場塗りの場合，塗装工の善し悪しは素地ごしらえによるところが多い．素地ごしらえの段階で木製の場合はささくれがないようにし，モルタルや鉄製の場合は鋭角的な凸部がないようにしなければならない．また，塗料と素地の密着性を確保するため，必ず塗装面を清掃するとともに，水分の有無を確認し，水分が付着している場合は完全になくなるまで乾燥させなければならない．

なお，既存物の上に重ね塗りをする場合は，新設の場合と同様であるが，既存物に使用されている塗料の種類を必ず確認しなければならない．

Ⅱ部4章　参考文献
1）　日本造園建設業協会編集（1998）：造園工事作業手順（素案）非売品：日本造園建設業協会，193

2) 林物産 Web サイト：グリーンブロック取扱説明書：〈http://www.hayashibussan.co.jp/green.files/gbmnl/grnblkmnl1.htm〉2015.3.1 閲覧
3) 造園技術研究会編（1996）：ランドスケープの修景石工事マニュアル：経済調査会，132
4) 前出 3），144
5) 前出 3），120
6) 前出 3），156
7) 前出 3），162
8) 前出 3），168
9) 前出 3），174
10) 前出 3），194
11) 前出 3），42
12) 前出 3），48
13) 前出 3），54
14) 前出 3），78
15) 前出 3），60
16) 前出 3），114
17) 前出 3），84
18) （上図，右図）前出 3），90
19) 前出 3），102
20) 前出 3），108
21) 前出 3），96
22) 前出 3），66
23) 前出 3），232
24) 前出 3），220
25) 前出 3），206
26) 前出 3），207
27) 前出 3），214
28) 国土交通省（2014）：都市公園における遊具の安全確保に関する指針（改訂第 2 版），平成 26 年 6 月
29) 国土交通省（2014）：都市公園における遊具の安全確保に関する指針（別編：子どもが利用する可能性のある健康器具系施設），平成 26 年 6 月
30) 日本公園施設業協会編集（2014）：遊具の安全に関する規準 JPFA-SP-S：2014，2014 年 6 月：日本公園施設業協会

III部

統合技術

1章　修景効果の向上

1.1　景観の構成と修景

　造園空間では，景観構成要素や特性を踏まえて，様々な演出により美的に優れた空間を創出する．造園施工では，景観の構成，特性，演出方法などを把握し，空間の修景効果を高める施工を行う．

1.1.1　景観構成要素の把握

　造園工事では，設計による演出意図を現場で確認し，景観構成に関する設計意図を踏まえた空間づくりを行う．

　また，施工者は修景目的や施工時の留意事項などについて図面や特記仕様書，設計者から直接説明を受けて，設計意図を把握した上で施工することが望ましい．

【解　説】

　造園空間では，景観を認識する「主対象」や「対象場」などの景観を構成する要素を理解する必要がある．例えば，ある空間に樹木を植栽する場合，樹木が主対象となり，その背景が「対象場」となる．また，樹木を眺める場所（点）として「視点」があり，その周辺が「視点場」となる．造園では，主対象である樹木の位置や方向を考えて配置し，対象場である背景を修景する．また，視点や視点場の位置をわかりやすくして，場の設えを整える（**解説図Ⅲ.1-1参照**）．

　以下に景観構成要素と施工の留意点を示す．

（1）視　点

　　視点は景観を眺める位置であり，位置により，同じ対象物であっても景観が変化する．施工者は設計図などから場所，高さ，眺望の方向などの視点を把握し，主対象との関係を現場で確認して施工する．

（2）視点場

　　視点場は視点を取り囲む空間であり，視点に立ったときの心地良さや視点から眺めたときの景観の演出を踏まえた空間づくりが重要である．視点場では，主対象への眺望を阻害しない配慮や，視界を限定することで主対象を強調するなどの工夫が必要である．

（3）主対象

　　主対象は，対象となる景観そのものであり，最も重要な景観要素である．視点から見た時の位置や向きなどの見え方を設計図書などから把握して施工する．

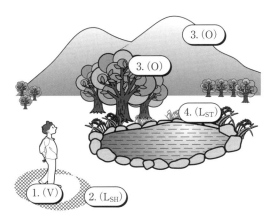

景観構成要素
1. 視点 V　2. 視点場 L_{SH}　3. 主対象 O　4. 対象場 L_{ST}

解説図Ⅲ.1-1　景観把握モデル[1) 6)] をもとに作成

（4）対象場

対象場は主対象の背景となる存在であるため，主対象を引き立てるなどの効果が期待される．そのため，施工においては主対象と合わせた修景的な空間づくりに配慮する必要がある．

1.1.2　見え方の特性の把握

ものの見え方は人間の感覚に基づく特性がある．造園空間では，仰角は囲み感を創出する場合などに用いて，俯角は眺望などの景観を創出する場合などに用いられる．

ものの見え方には様々な特性があることから，施工者は設計図書などから設計意図を把握し，施工することが望ましい．

【解　説】

視点から対象を眺める場合の「見える範囲」のことを「視野」という．また，視点と主対象において，水平面に対する上下関係を示すものを「仰角・俯角」という．仰角とは対象物を見上げる場合の視線の水平に対する角度を示し，俯角とは対象物を見下ろす場合の水平に対する角度を示す．

（1）静視野の特性

視点が静止している状態の静視野では，見えている中心点である注視点から左右それぞれ約60°，上方約70°，下方約80°の範囲が認識される（**解説図Ⅲ.1-2参照**）．視点から主対象を眺めた場合，これらの範囲が一つのシーンとして映ることから，施工では主対象をこの範囲に設定したり，見せたくないものはこの範囲外になるようにしたりする配慮が必要である．

（2）動視野の特性

視点が移動している状態の動視野では，視点が移動するスピードが増加すると，動視力が低下し，対象の細部は見えにくく，視野狭窄が働くことで視野が狭まる（**解説図Ⅲ.1-3参照**）．動視野は，高速道路などの移動を前提とした場合における景観形成に重要な意味を持つことから，これらの特性を踏まえた空間演出が求められる．

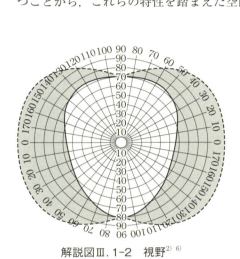

解説図Ⅲ.1-2 視野[2) 6)]

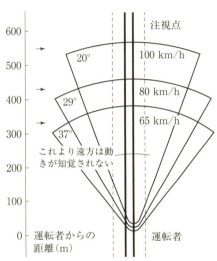

65 km/h, 80 km/h, 100 km/h に対応する注視点距離，視覚および詳細な前景の認知し得る距離の関係

解説図Ⅲ.1-3 動視野と注視点[3) 6)]

（3）仰　角

仰角は，空間における囲繞（いにょう）感，構造物の圧迫感，威圧感などの程度を示すものに用いられる．仰角が45°以上になると完璧な囲繞感を生じさせ，18°で最低限の囲みとなり，14°で囲繞感が消失すると言われる（**解説図Ⅲ.1-4参照**）．また，街路空間では D/H（街路幅員/沿道建物高さ）が用いられる．$D/H=4$ 以上で囲繞感はなくなり，$D/H=1〜1.5$ 付近に均整があるとされる．施工では，平面配置と高さの数値で表現された設計図から立体的な空間を読み取り，このような視覚効果を踏まえた空間演出が求められる．

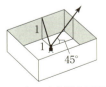
45°（1：1）完璧な囲繞感

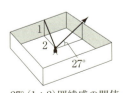
27°（1：2）囲繞感の閾値

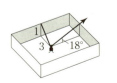
18°（1：3）最低限の囲み

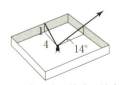
14°（1：4）囲繞感の消失

解説図Ⅲ.1-4 仰角と囲繞感[4) 6)]

（4）俯　角

　俯角は，展望地から俯瞰景で眺める指標として用いられる．これは，主対象に対する俯角の程度が景観の印象に大きく影響するからである．視点からの俯角は－8°～－10°が最も見やすい角度であり，この領域に視線が集中することから，集中領域（中心領域）と呼ばれる．施工では，俯角による視覚効果を踏まえた空間演出が求められる（**解説図Ⅲ.1-5参照**）．

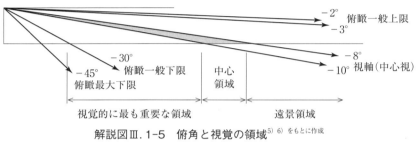

解説図Ⅲ.1-5　俯角と視覚の領域[5) 6)] をもとに作成

1.1.3　景観の演出方法

　景観の見せ方には，固定された視点場から眺めるものと，視点場が移動することで移り変わる景観を楽しむものがある．このような景観の演出方法は，庭園などの修景的な空間において特に重要な意味を持つ．施工者は，設計図書などから設計意図を把握し，施工することが望ましい．

【解　説】

　景観対象の見せ方には，景観主体と対象の関係の違いにより「シーン景観」と「シークエンス景観」があり，視点の位置や，その移動ルートが重要な意味を持つ．

（1）シーン景観

　シーン景観は，視点が固定されている透視図的な眺めである．庭園や公園などのビューポイントからの景観となるため「**1.1.1 景観構成要素の把握**」で解説した設えを把握することが求められる．

（2）シークエンス景観

　シークエンス景観は，視点及び視点場を移動させながら，移り変わるシーン（場面）を体験していくものである．庭園や都市公園，自然公園などにおいて通路を歩きながら景観を楽しむものや，道路（街路樹）のように次々に移り変わる景観を示すものがあるため，これらの設計意図を把握することが求められる．

1.1.4　日本庭園における景観の構成

　造園空間の代表的な景観の演出として日本庭園の手法がある．施設や植栽には，伝統的

な技法があり，それらの目的や役割について留意して施工する．

日本庭園の景観を構成するもののうち，この項では，以下を対象として記述する．

(1) 石　組

　石組とは二つ以上の石を寄せて行うものであり，石の「天端」と「合端」の組合せを意識して施工する．そのうち滝石組は水を落とすための石組であり，落とし方によって組み方が異なる．また，空間の広さや視点場からの距離によって，その大きさや組み方を調整することが望ましい．

(2) 池・流れ

　池は，護岸の形状や水位及び橋や島などの添景物の位置や大きさによって印象が変わるため，視点からの見え方や背景の景観に留意して施工する．

　流れは，蛇行した曲線の外側では水深を深くして護岸に石を配置し，内側では水深を浅くして砂利敷の州浜をつくるなど，自然風に仕上げて施工する．

(3) 敷石・延段・飛石

　敷石・延段・飛石は，歩行のしやすさに加えて心理的変化を考慮してそれを与えることが望ましく，施工では石を美しく配置し，均整を保つことが肝心である．また，飛石は様々な役石があるため，用途や目的に留意して施工する．

(4) つくばい

　つくばい（蹲踞）は，「手水鉢」「前石」「湯桶石」「手燭石」「水門（海）」等で構成され，その構成や意味に留意して施工する．

(5) 植　栽

　日本庭園における植栽は，伝統的な植栽技法があり，その配植技法や役割に留意して施工する．

【解　説】

(1) 滝石組は，代表的な落とし方として「段落ち」「伝い落ち」「布落ち」「離れ落ち」「分かれ落ち」などがある（**解説図Ⅲ.1-6**）．枯滝石組のときには，石の模様をうまく利用して水の流れている様子を表現することがある．また，象徴的な石組は，石庭の石組のように，思想的意味合いを持つものが多い．滝の種類については**Ⅱ部4.6「(3) 滝石組」**を参照のこと．

(2) 池・流れは，「護岸」「橋」「島」「滝」などの様々な要素から構成される．

　護岸は，「護岸石組」「州浜」「乱杭」「じゃかご」「草止め」などの種類があり，その形状や水位によって池などの印象が大きく変わる．

　橋には，「石橋」「木橋」「土橋」などがある．また，橋の形状から「平橋」「反橋」「太鼓橋」などがある．「廊橋」は，橋に屋根をかけて，そこからゆっくり庭園を眺める形状のものを指す．

　島は，池の中の小さな陸地を指し，鶴や亀をモチーフにしたものがある．中島を経由して

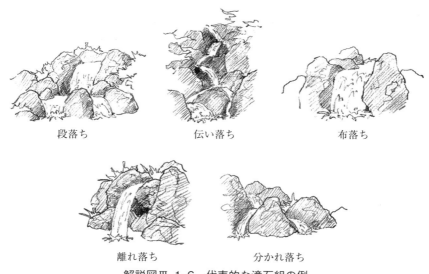

段落ち　　　　　　伝い落ち　　　　　　布落ち

離れ落ち　　　　　分かれ落ち

解説図Ⅲ.1-6　代表的な滝石組の例

平橋と反橋の二つの橋を渡り対岸と結ぶ手法は，浄土式庭園などでよく見られる．
　流れは，小さな滝や水落ちなどにより水量や速度を変化させることで，その動きや水音に差が生じる．更に水の動きに変化を与えるものとして，水分石や，飛び出した護岸石があり，これらを据えて水流に変化を与える．
　滝は，高低差を利用して水を落とし，空間に動きや音の変化を与える．
（3）敷石は，平滑な面を持つ石を用いて，歩行のための道や広場などに使用し，切石敷（板石を整形に並べたもの），寄石敷（切石などを組み合わせたもの），玉石敷（角に丸みがある自然のままの石を組み合わせたもの）などがある．
　延段は，直線状の歩行空間に用いられ，空間の精神的な質に応じて使い分ける．空間の質の高いものから順に「真」「行」「草」の三段階に分けることが多い．
　ⅰ．真
　　切石の平滑な面を規則的に配置する．社寺の表参道などによく用いられる．
　ⅱ．行
　　真の構成要素を用いながら，部分的に自然のままの素材を持ち込むことで中間的に扱う．塔頭や小さな書院のつたいによく用いられる．
　ⅲ．草
　　自然のままの素材を用いて直線的要素や規則性を少なくする．茶庭によく用いられる．
　延段の幅は目安として75～90 cm程度で，茶庭では60 cm程度と狭い場合もある．長さは3 m程度のものが多く，あまり短くしない方がよいとされる．
　飛石は，石を歩幅に合わせて点在させて，その上を歩行させるものである．歩行にリズムを持たせたりその方向を制限したりするもので，「連打」「二連打」「三連打」「二三連打」

1章　修景効果の向上

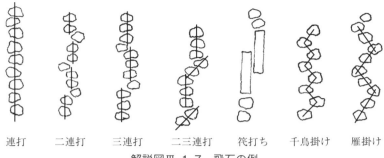

連打　　二連打　　三連打　　二三連打　　筏打ち　　千鳥掛け　　雁掛け

解説図Ⅲ.1-7　飛石の例

「筏打ち」「千鳥掛け」「雁掛け」などがある（**解説図Ⅲ.1-7参照**）．池や流れを渡らせる場合は「沢渡（沢飛）」「磯渡」などと言う．横長のものを用いることが多く，人の歩幅間隔（45～50 cm）で配置するとよい．また，茶庭ではそれよりやや短く（45～50 cm×0.7～0.8程度）配置する．飛石の役石には多くの種類がある．飛石が分岐する際には「踏分石（ふみわけいし）」，飛石の延長で建物に上がるところには「沓脱石（くつぬぎいし）」と言い，平滑な面のある比較的大きな石を据える．

（4）つくばいは，「水門（海）」を手水鉢の後方までつくる中つくばいと，「水門（海）」を手前だけにつくる向鉢つくばいがある．「海」の中には小石や瓦などを飾り，撥ね防止とする．また，役石の形状や配置については適切なおさまりがあるため，他の例などを参考に施工する．

（5）日本庭園の植栽では，華道の基本形である「真，行，草」または「天，地，人」と同じ考え方に基づく配植方法がある．基本は，三，五，七など，奇数本数を構成単位とし，それ以上は複合の単位となる．各々の植栽単位は不等辺三角形を基本に構成し，「真木」「添（副）」「対」「見越し」などの役割をもたせて植栽する．

また，配植には，それぞれの目的をもった「役木」があり，「正真木（しょうしんぼく）」「景養木（けいようぼく）」「寂然木（じゃくねんぼく）」「夕陽木（ゆうひぼく，せきようぼく）」「見越松（みこしまつ）」などがある．

そのほかには，垣根の端の留め柱を支える「垣留（かきど）めの木」，四阿（あずまや）などのそばに植えて木陰をつくる「庵添（あんぞ）えの木」，橋の手前に植えてその枝葉が橋上に差し出されて水面に影を落とす「橋本の木」，灯籠の前に枝を差しのべるように植えて枝葉で灯火を見え隠れさせる「灯障（ひざわ）りの木」などがある（**解説図Ⅲ.1-8参照**）．

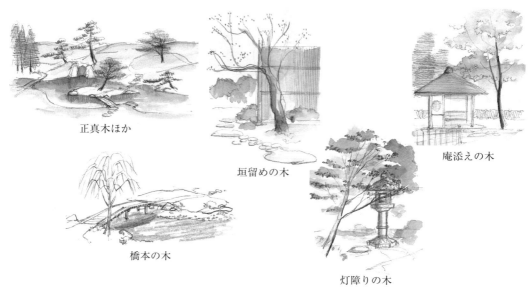

解説図Ⅲ.1-8 代表的な役木の例

1.2 地形のデザインによる修景効果

造園空間の創出における地形の取り扱いに当たっては,以下に示す基本的事項や留意点などを踏まえて施工する.

1.2.1 造　　形
盛土による築山や囲みの造形を対象として以下に記述する.

（1）築　山

築山の造形に当たっては,形状の特性を把握した上で視点からの見え方に留意して施工する.

（2）囲み空間

地形により視界を限定することで囲い込まれた空間をつくり,落ち着いた印象を与えることができる.沈床花壇のように,落ち着きのある修景的な空間を演出し,囲み空間で視線を絞り誘導する手法などがある.施工者は,囲み空間の目的を設計図書などから把握し,施工することが望ましい.

【解　説】
（1）築山の形には,直線的に整形して人工的に仕上げるものと,自由な曲線により自然風に仕上げるものがある.

人工的な築山は,周辺景観との対比によって際立った存在感を与える.一方,自然風の築

山は，周辺景観との調和や落ち着きのある印象を与える．築山の斜面角度が15°〜30°のものが多く，安定感やボリューム感を与える．

築山の大きさは，空間の広さや視点からの見え方に留意する必要がある．視点と主対象（築山）との距離は，安定感を持った大規模な築山（高さ1m以上）のものでは裾幅の3倍程度，小規模築山では裾幅と同じぐらい離れた距離がよいとされる．

(2) 囲み空間は 1.1.2「(3) 仰角」で示す仰角と囲繞感との関係が影響する．また，囲んでいるものの状態や素材も明暗や雰囲気に影響する．法面などで圧迫感を与えたくない場所では，「1.2.2 法面の処理と緩和」で示すグレーディングやラウンディングによる方法を用いて地形を造形する．

> **1.2.2 法面の処理と緩和**
> 大規模な造成による急な斜面や地形は，切盛土面が圧迫感を与えたり，自然地形（既存地形）との調和を欠いて景観を損なう恐れがあるため，「グレーディング」や「ラウンディング」の手法により自然地形となじませて，地形に柔らかな印象を与えることが望ましい．

【解　説】
(1) グレーディング

急な造成法面の勾配を現況地形につなげる際に，徐々に勾配を緩やかにしてすり付ける方法である．造成された急な法面と既存地形がつながる場所を自然な地形に仕上げる．

(2) ラウンディング

法肩や法尻に曲線を入れて現況地形とすり付ける方法である．これは修景上の効果だけではなく，地表面の侵食防止に対しても有効である．道路などの切土法面では，法肩のラウンディングによる接線長は法面の最大斜長に対して1/3以上，法尻の接線長は法肩の接線長に対して1/2以上がよいとされる（**解説図Ⅲ.1-9参照**）．

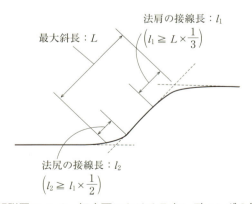

解説図Ⅲ.1-9　切土面におけるラウンディングの例

1.2.3 斜面の勾配と利用
広場などの造成では，斜面の勾配と利用形態の関係に留意して施工する．

【解 説】
斜面の勾配と広場などの利用形態には，**解説表Ⅲ.1-1**に示す関係がある．広場の利用目的が明確な場合では，利用形態に適合した勾配を確認した上で施工する．

解説表Ⅲ.1-1　斜面の勾配と利用形態[12) 13)]をもとに作成

勾配	0～10%	10～20%	20～35%	35%～
利用形態	走る，駆ける，飛ぶ，ゲーム等の軽い運動に適する	座る，眺める，散歩など休息，鑑賞に適する	休息や鑑賞には不適となる．滑る，転がるなどの斜面遊びに適する	昇降の限界となり，遊びなどには不適となる

園路や通路では，縦断勾配の限界値は自転車で8％（手押しの場合は20％），車の登坂で15％となる．また，自然公園などでは15％以上で階段を設置することがよいとされているため，縦断勾配を確認した上で施工する．

1.3 植栽による修景効果
植栽の目的には，空間演出などの機能的効果と植物が持つ審美性の発揮がある．これらの修景効果の特徴を踏まえて，植物を用いた空間を形成しなければならない．

1.3.1 空間形成と演出
植栽による空間形成や演出に当たっては，設計意図を把握し，立地や環境の特性を踏まえて施工する．

植栽工事の施工者は，設計において意図した植栽を施工するため，設計図書以外に設計者の説明を受けることや，報告書，スケッチなどの資料を入手して，それらを参考にして施工することが望ましい．

【解 説】
（1）空間形成
植栽には，領域の区分，囲繞，接続，誘導などの機能がある．植栽による空間形成について**解説表Ⅲ.1-2**に示す．

解説表Ⅲ.1-2　植栽による空間形成

名称	空間形成
区分	敷地の内部と外部，屋外空間における異なるゾーン，道路や園路とゾーンの間を区分する．
囲繞	静寂を保つべき場所を喧噪（けんそう）から隔離し，個別の領域を囲繞する．プライバシーの確保と類似しているが，特定の場所への自由な接近を認め，特定の区域と利用目的のために，その周辺から完全に遮断する．広い境界植栽を設けたり，在来の樹林をそのまま利用したり，狭小な敷地の場合は生垣などを用いたりすることがある．
接続	物体的な接点の接続と，環境の異なる空間同士の接続がある．前者は構造物との取り合い，根締め，園路沿い，すき間緑化，後者は樹林地と芝生地の取り合い，陸域と水域をつなぐ植栽がある．
誘導	道路や園路沿いに並木やアイストップの樹木を植栽し，人や車を誘導し，交通を制御する．

（2）空間演出

植栽の植物単体としての美しさによる演出ではなく，景観の一部を構成し，景観を向上させるものである．植物が主木として景観の主対象となる効果や，主対象の前景として空間に奥行き感を出したり，空間のある部分を隠して期待感を高めたりする効果がある．また，植物が枠となり遠景を強調する効果や構造物の縁取りや根締めとして他のものを強調し，安定感を持たせ，対峙して景観的均衡を与える効果がある．

植栽による空間演出の技法を**解説表Ⅲ.1-3**に示す（**解説図Ⅲ.1-10参照**）．

解説表Ⅲ.1-3　植栽による空間演出の技法

名称	空間演出
ビスタ	眺め，見晴らし，展望などの意味で，特に山などの地形や並木などの地物に挟まれた狭長な見通しを意味する．「通景」視点から主対象に向かって視線が誘導されていくように枠取りされた景観となる技法である．視点と対象を結ぶ線を「見通し線（ビスタ線）」と言う．
アイストップ	注目されやすい園路の突き当たりや狭く暗いところから明るい方を見る場所などの視線の正面に見ごたえのある樹木を植栽し，視覚的に快感を与える技法である．
フレーム効果	数本又は，数十本の木の幹や下枝で額縁に相当するフレームを構成し，それを通して，奥にある空間を強調して見せる技法である．

  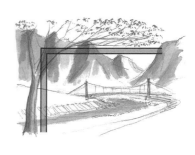

| ビスタ | アイストップ | フレーム効果 |

解説図Ⅲ.1-10　空間演出の技法の例

1.3.2　配植による空間演出効果

植栽工事では，植栽の計画・設計で示された樹種，規格，数量などをもとに，樹種相互の生態的特性をよく踏まえて，樹木や草花の配列を合理的かつ美的に取り扱う．

配植は，その土地の立地条件，植物の生態的・形態的特性，時間的経過を踏まえて，空間のバランスに配慮して行う．配植では，設計意図を把握した上で，考え方や技法などの基本的事項や留意点を踏まえて施工を行う．

【解　説】

（1）配植の考え方

植栽工事では，現場の様々な条件に対応して植栽することが求められる．敷地外周の植栽には，緩衝帯や敷地外からの緑の景観形成などの役割があり，いずれの場合も土地利用状況を十分に考慮する必要がある．

園路・通路沿いの植栽は，人が快適に散策したり，アプローチや建物，その他の建造物などの目標を強調したりする役割がある．園路，通路付近の植栽は見付となることが多く，修景には特に注意しなければならない．

目につきやすい傾斜地では，修景のポイントとなるため，低木，地被植物等には意匠的な配植が必要である．

（2）配植の要素

配植の要素は，植栽を構成する基本的なものであり，植栽の内容を理解する上で重要なものである．配植は，植栽の機能や目的及び植栽位置を踏まえて，配植要素を考慮して行う．

ⅰ．植栽密度

植栽の機能や目的によって植栽密度が異なる．植栽地全体の密度は，緑化の質を表す指標の一つとなる．また，各群落における植栽密度は，面積当たりの高木，中木，低木それぞれの数量の比率で把握される．群落間の植栽密度をもとに比較して，調和等のバランス

を考慮する.

植栽密度をもとにした類型として,「散生植栽」「疎生植栽」「密生植栽」の三つがあげられる(**解説図Ⅲ.1-11参照**).

散生植栽

疎生植栽

密生植栽

解説図Ⅲ.1-11 植栽密度の類型

ⅱ. 垂直構成

高木,中木,低木及び下草の垂直構成であり,遮蔽の度合,樹林の見通し,林床の利用性(散策,休息など)などに影響する.

ⅲ. 植栽規格

植栽規格により植栽地の緑量が規定される.造園では,竣工当初より完成された緑豊かな樹林や芝生などが要求されることがある.一方,植栽は竣工時から長期的な経過を踏まえると,植生の遷移や後継樹の出現等を考慮して植栽規格を検討することが求められる.

ⅳ. 寄植えの本数

一群の林の樹木本数により機能や効果が異なる.単植は,シンボルまたはランドマークの役割を持つ.二本植え,三本植え,五本植え,七本植えなどは,伝統的な植栽単位であり修景的な植栽となる.

ⅴ. 樹林と草地の比率

樹林が垂直的な感じを与えるのに対して,水平的な広がりを与えるのは芝生やその他の地被植物による草地である.面積,配置,鬱蔽の度合などにより,空間機能が異なることから比率を考慮する.

ⅵ. 常緑樹と落葉樹の割合

常緑樹と落葉樹の割合は,目標とする造園空間の性質により考慮する.割合以外の条件は,対比,鬱蔽度,調和などを考慮する.

(3) 植栽本数と形態

配植は,一群の植栽本数と平面形態の特性に配慮して施工する.

ⅰ. 植栽本数

一群の植栽には基本的な本数構成があり,それぞれに特性がある.一本植えは,構成最小単位であり,強い印象を与える.二本植えは,釣合,あるいは対称の印象を与える.三本植えは,一本植えが点状,二本植えが線状であるのに対し,安定した平面的な印象を与

える．五本植えは，3本と2本の釣合の上に成り立つ場合と，5本のうちの1本が中心となる場合がある．七本植えは，4本と3本との釣合，5本と2本との釣合において成立する．四本植え，六本植え，八本植えなどは一般的に行わず，五本植えや七本植えとすることが多い．

　ⅱ．平面形態
　　平面形態の違いによる主な配植手法には，「点植栽」「線植栽」「面植栽」がある．
　　点植栽は，景趣上の中心となったり，ある空間と他の空間の見切りに植えたりするものであり，老木，大木が多く使われる．線植栽は，直線や曲線，一列，二列，三列，多数列がある．樹木は同種，同大，同型で形は整形であることが多い．面植栽は，寄植え及び単木による面的な広がりを持ち，相互に一定の関係を持つ植栽である．手法としては，種類と規格が同等の樹木を面的に植栽する．

1.4　園路による修景効果

　造園空間における園路は，機能や使いやすさ以外にも，修景的な設えが求められる．造園空間の創出では，園路の構成や舗装材などの特性や修景的効果を把握して，以下に示す基本的事項や留意点などを踏まえた施工を行う．

1.4.1　園路の構成と修景効果

　園路は，利用目的に応じて線形や幅員，勾配等が機能的に設定される．施工に際しては設計意図を理解した上で，利用者にとって心地良い空間として仕上げなければならない．

（1）線形・幅員

　　園路は，地形や施設構造物の配置等が影響する場合でも，見通しの確保や植栽等による視線誘導を併用して，安全かつ円滑な歩行空間を確保し，景観に配慮した線形や幅員とすることが望ましい．

（2）勾配・段差処理

　　段差解消のために設置する階段やスロープでは，意匠性と安全性を同時に考えて施工する．

【解　説】

（1）主動線となる園路線形は，複雑にしないで明瞭（直線や大らかな曲線）であることが望ましい．園路幅員は，通行者数及び移動形態（車両，自転車，歩行，その他）を想定し，利用形態に合わせた幅員設定が必要である．
　景色を楽しみながら利用する園路は，歩行速度を下げながら対象物への視線誘導が図れるように，湾曲・雁行・分岐・合流等の組合せにより多様な動線配置を行うことが望ましい．庭園，花壇，芸術性の高い修景施設等の観賞ポイント（視点場）が複数計画された園路で

は，歩行速度が比較的遅く，少人数の通行を想定する．特殊な修景施設が整備されて管理車両の進入が必要な場合を除き，健常者と車いすが併走できる幅員（1.2〜1.8 m 程度），庭園や花壇の内部など移動距離が短い通路は車いすが通れる幅員を確保することが望ましい．

（2）園路の勾配・段差処理は，周辺の地形に合わせることに留意して急激に変化することを避ける．また，安全性の視点から「高齢者，障害者等の移動等の円滑化の促進に関する法律」（バリアフリー新法）の基準を考慮する．

　ⅰ．園路の勾配

　　園路の縦断勾配は，高齢者や身体障がい者に配慮して5％以下を標準とする．

　　園路の縦断勾配が変化する場所では，縦断曲線（バーチカル・カーブ）を入れて，急激な縦断勾配の変化点を緩和することが望ましい．また，異なる縦断勾配の園路が合流する場合は，地表面にねじれが発生して空間に違和感が生じないように，園路の交差部のすり付けに留意する．

　　また，歩行空間の円滑な雨水排水を行うために横断勾配を設ける場合は，1％を標準に最大2％までの横断勾配が奨励されている．なお，バリアフリーに関しては，「**7章 ユニバーサルデザインと癒しの空間**」を参照のこと．

　ⅱ．階段による段差処理

　　公共性の高い空間では，安全性に配慮したデザインが求められる．階段を下りる際の段差部の視認性，明るさの条件や階段の色彩や素材，手すりの設置等がある．

　　意匠性と安全性を考慮した階段の高さ（H）と奥行き（D）の関係は

$$2H + D = 歩幅（60\,\mathrm{cm}）$$

が理想とされ，標準的には階段は蹴上げ（高さ）を15 cm，踏み面（奥行き）は30 cmとすることが多いが，地形，施設構造物との関係などの条件により設定することが望ましい．例えば，園路の途中に階段を数箇所設置する場合，標準的な階段の高さと奥行きの関係（$2H+D$）より緩傾斜の階段の方が歩きやすい．ただし，緩勾配の階段を設ける場合は，片方の足のみで踏み込み続けるような階段は登りづらいため，次の段までの距離を奇数歩（1歩を60 cmとして，180 cm，300 cm等）となるように調整する．

　ⅲ．スロープによる段差処理

　　スロープは，垂直高低差を通行するのが困難な場合に円滑な動線を確保するために設置される傾斜路である．バリアフリーを考慮したスロープの規格や寸法は，バリアフリー新法に定められているが，この場合においても，周辺の地形となじませた配置と構造にする．

1.4.2　園路の素材の種類と修景効果

　園路を構成する素材には舗装材や舗装止めなどがある．これらは材質や設置方法により，空間に与える影響が大きく，素材の選び方や仕上げには十分に留意する必要がある．各々の素材の特徴や演出効果について把握し，以下に示す基本的事項や留意点などを踏まえて施工する．

（1）舗　　装

　舗装材は，園路や広場の景観を構成する重要な要素であるため，利用や機能を満足した上で景観に配慮しなければならない．

（2）舗装止め

　舗装止めは，その主たる目的や用途のほかに，園路の線形や園路端部の境界の区切り方などによって景観に影響を与える．機能と景観の調和を考えて舗装止め材を選定し，納め方に留意する．

【解　説】

（1）舗装材には様々な種類があり，特徴や景観性について以下に解説する．

　ⅰ．アスファルト舗装

　　　黒色バインダを使用したもののほかに，透明なバインダを使用した脱色アスファルトなどの景観に配慮した製品がある．脱色アスファルトの骨材は自然石骨材のほかに人工着色骨材などもあり，周囲の状況に合わせた風合いを持たせることができる．ただし，バインダの強度が通常のものに比べて劣るため，表面摩耗による骨材の剥離等に留意する必要がある．

　　　また，骨材等の空隙にセメントミルクを流し込んだ半たわみ性舗装は，アスファルト舗装の難点であった轍（わだち）等の塑性変形に対する抵抗性が高い上に，着色セメントミルクを用いて演出性を高めることができる．

　ⅱ．コンクリート舗装

　　　打放し仕上げや金ゴテ仕上げなどの平滑な仕上がりに対し，はけ引きなどで表面に細かな溝を設けて滑り抵抗を付加した仕上げがある．また，硬化遅延材を用いて表面を洗い出し，骨材を表面に出した洗い出し舗装は，自然の風合いを持ち演出性が高い．

　　　このほかに，舗装面を着色したカラーコンクリート舗装，表面を型押ししたスタンプコンクリート，表面を研磨した研ぎ出し仕上げなど，演出性の高い舗装がある．

　ⅲ．コンクリートブロック舗装

　　　ブロックは形状寸法，表面仕上げ，色彩，組合せパターン等にバリエーションがあり，演出効果が高い．

　　　ブロックの下部はクッション砂であるが，傾斜地では降雨時に砂が流亡する恐れがあるため，空練りのモルタルを使用することがある．

iv．土系舗装

　　土や砂などの天然素材と硬化材，結合材を混合し，土の風合いを活かした舗装材である．自然環境との調和に優れ，保水性の高い製品ではヒートアイランド抑制効果が期待される．軟らかく歩きやすいが，塑性変形が大きいので管理車両の轍や降雨時の水溜まり対策などに留意する必要がある．

　　なお，施工における詳細については，Ⅱ部「**4.1 土系舗装工**」を参照のこと．

v．レンガ舗装

　　軟らかい感触と赤褐色の色調が好まれて使用される．コンクリートの基層を設置することで，交通量の少ない道路にも使用することができる．一般的にレンガは吸水性が高く，過湿が懸念されるところでは，吸水率が少ないものを選定するとよい．

vi．タイル舗装

　　高温で焼成した吸水性の低い磁器質又はせっき質などでつくられ，形状や色彩にバリエーションがあり，演出効果を得やすい．タイルは薄い材料であるため，舗装材として使用する場合はコンクリートの基層が必要であり，上載荷重に対する強度を考えると車路には向かない．

　　建築外構などの意匠性が求められる施工では，目地割りに留意する．

vii．木系舗装

　　床材として木材を加工したものには，デッキ材，木レンガ，枕木等がある．デッキ材に使用するものには防腐処理された木材，堅木（ハードウッド），木粉を樹脂等で固めた再生木等がある．自然木を使用する場合はカビ・コケ類に留意する必要がある．

　　破砕した木材を敷設する木チップ舗装には，木チップをそのまま敷き均した舗装と，硬化材・結合材により固結させた舗装がある．両者とも自然な風合いはあるが経年による劣化は避けられないため，一定期間で補充または補修が必要になる．

　　生木の状態で木チップを積層した場合，微生物により発酵熱が発生し，まれに発煙・発火が起こることがあるため，現場発生の材木を破砕して敷き均す場合は十分に乾燥させた材料を敷設することが望ましい．

viii．樹脂系舗装

　　基盤となる舗装面（アスファルトやコンクリート）に，硅砂，自然豆砂利，磁器やゴムチップ等の人工骨材等を樹脂で固めて仕上げた舗装である．骨材そのものの色合いや素材感が表層に表れるため，演出効果が高い．

　　バインダによっては透水性を持たせることが可能である．バインダの紫外線劣化により骨材の剝離等が懸念されるため，製品特性をよく理解し，用途と特性が適合しているか留意する必要がある．

ix．石材系舗装

　　石種や表面加工のバリエーションが多く，施設構造物や植栽との組合せにより重厚で高級感のある演出から素朴で自然な演出効果が期待できる．石材の形状は，加工した舗石，

切石，板石，自然な形状を残した乱形の板石，砂利や砕石などがある．石種は密度の高い花崗岩や安山岩，斑岩などが多い．大理石，石英岩，砂岩，石灰岩等も使用されるが，多湿な日本では吸水による汚れの付着，寒冷地では凍結時の水分膨張による割れ等に留意する必要がある．

　御影石などの表面を磨くことで鏡のような美しさが得られる石材を屋外空間で使用する場合は，降雨時の滑り対策に留意する必要がある．一般的には表面をジェットバーナーで炙る，細かな溝を掘る，ビシャンなどで表面を細かくはつる，滑り止めの樹脂等を貼り付けるなどの滑り抵抗を高める処理を行う．反対に割肌仕上げの小舗石などの舗装面に凹凸がある舗装材は，車いす等の障害となる場合があるので，使用する場所によっては，一定の平滑性を確保する必要がある．

　鉄平石や石英岩などの薄い舗装材はコンクリートの基層が必要であり，基層と連動した伸縮目地が必要であるため，目地割りに留意する必要がある．

　なお，施工における詳細については，Ⅱ部「4.2 石材系舗装工」を参照のこと．

（2）舗装止め材の種類には，自然石縁石，コンクリートブロック，ステンレスやスチールなどの金属及び樹脂による見切材，丸太や杉板などの木製のもの等がある．

　自然石縁石は石種，仕上げ，装飾的な加工などバリエーションに富み，舗装材との相性により景観性に優れた材料である．また，コンクリートブロックは規格化されて汎用性が高く，同じ規格で骨材に自然石を混ぜた景観性の高い擬石縁石がある．金属や樹脂製の見切材は，地表面に表れる面積が小さいため舗装止めの存在を目立たせたくない場合に適している．木製の舗装止めは，自然景観との調和に優れるが耐久性が劣るため，定期的な修繕等をあらかじめ計画する必要がある．

　舗装止めを植栽地と舗装面の境界に段差を設けて設置する場合は，以下の二つが考えられる．一つは舗装面が植栽地より数 cm 高く設定されている場合で，舗装端部が植栽地まで平坦に連続するため，境界線が強調されることなく自然な印象が得られる．もう一つは植栽地が舗装面と同位置または高く設定されている場合で，植栽地の土留めの役割に加えて，舗装地の際に縁石の立ち上がりができるため，舗装地の領域が明確になり，秩序ある印象が得られる．

1.5　造園施設による修景効果

　造園施設は目的に応じた適切な施工を行い，空間を構成する修景的な施設として効果を発揮することが望ましい．この節では，様々な造園施設のうち擁壁工の「石積，ウォール」，修景施設の「水景施設」，管理施設の「フェンス・柵・塀，門」，建築物の「四阿」を対象とする．

1.5.1　擁　壁　工

　主に地表面の高低差の処理や空間領域を仕切るものとして設置され，石材を使用した石

積やコンクリートで構造体をつくるウォールなどがある．それぞれの材料や仕上げの方法により景観に影響を与えるため，材料の選定や工法に配慮して施工する．

【解　説】
（1）石　積

間知石や雑割石によるもたれ式擁壁以外に，コンクリート躯体に仕上げ材を組み合わせた方法がある．石積や石張は，野面石や雑割石などの自然形状の石材を使用した伝統的な意匠のものから，小端積のような和洋の様式を問わないもの，様々な形状に加工された切石を張ったモダンなものまで，意匠のバリエーションが豊かである（II部「4.4 石積工」参照）．石積の種類や材料などは，空間の特性に合わせて選定することが重要である．

（2）ウォール

コンクリートウォールは，型枠（本実型枠，樹脂製化粧型枠など），はつり，塗装，左官，研ぎ出しなどの躯体表面の仕上げにより意匠性を高めることが可能である．また，レンガ積は，和洋を問わず調和のとれた空間づくりに適した素材で，飾り積や透かし積，飾り目地などの手法があり，演出効果が期待できる．

1.5.2 水景施設

修景的な水景施設は，空間の規模や地形，水景施設の意匠，演出手法などを十分に検討して設置する．また，水景施設は意匠も重要であるが，同時に用途に適合した水質を維持することが重要である．設置に当たっては，構造及び水質管理の方法を合わせて検討することが望ましい．

【解　説】

水景施設は象徴的な対象物であったり，修景の中心的な存在であったりする場合が多い．水景施設には自然界を模して水源（湧水，吐水口），流れ（せせらぎ），滝，池等を組み合わせたものや，噴水，徒渉地，水盤，壁泉などの単独で存在するものがある．自然風の流れに変化を持たせるには，堰や景石等を配置することがある．噴水や壁泉などの単体で芸術性の高い水景施設は，演出用のノズルを設置することがある．

（1）構　造

水量が少ない流水部や池などの水景施設は，コンクリートの躯体を設置する．また，躯体が損傷した場合でも，漏水を防ぐためにシート防水を併用する．コンクリートの躯体を設けない自然風の流れでは，シートの破損に修復力を持たせるために粘性土の下にベントナイトを使用した防水シートを敷設することがある．それぞれの水景施設の特性によって防水方法が異なることに留意する．

（2）水質の管理

日照と水温上昇による富栄養化，藻類などの繁茂，アオコの発生による水質の悪化などに

留意する．藻類，アオコなどは塩素による水質浄化が一般的であるが，ビオトープなどの水生生物と共存した水景施設には適さない．

　水生生物に配慮した水景施設では，紫外線や銅イオンなどによる水質浄化のほかに，落水や噴水等により曝気を行い，水中の溶存酸素量を回復して水質を維持する方法がある．また，雨水を貯留して使用する例もあるが，この場合は温度と水質管理に留意する必要がある．

1.5.3　管理施設

　管理施設は，各々の設置目的や機能を満たした上で，修景効果を考慮して施工する．

【解　説】

（１）フェンス・柵・塀

　敷地の領域を分けたり，人の立入りを抑止したりする目的で設置する．周囲の環境や目的により意匠性が求められる場合もあり，目立たないように設計される場合がある．素材は，木材，金属，石材，ガラスやアクリルなどの透過性のある板材などがあり，色彩と合わせて工夫することで修景効果を高めることが求められる．なお，目立たせないことを目的に設置する場合などは，暗色でシンプルな形状のものを用いて周辺と調和を図ることがある．

（２）門

　出入口などに設けられ，人の立入りを抑止するなどの目的を満たし設置場所の特性に応じた意匠性が求められる．

1.5.4　建築物

　四阿は景観や空間構成に大きな影響を与えるため，材料の選定や仕上げ方法，規模などについては十分に配慮する．

【解　説】

　四阿には，寄せ棟や切り妻屋根などの和風なものから，幾何形態のモダンなものまで形状は様々である．柱や屋根材などに使用する材料，仕上げ及び形状により，修景的な見栄えが異なる．

　また，四阿は建築物に該当することから，防火対策を含めた構造等の設計は「建築物基準法」に準拠する．

Ⅲ部１章　参考文献

1) 篠原修（1982）：新体系土木工学 59 土木景観計画（土木学会編）：技報堂出版
2) Gibson, J. J. (1950) : The Perception of the Visual World, Riverside Express

3) Christopher Tunnard・Boris Pushkarev（1966）：国土と都市の造形（鈴木忠義訳編）：鹿島研究所出版会
4) Paul D. Spreiregen（1966）：アーバンデザイン―町と都市の構成（波多江健郎訳）：青銅社
5) 篠原修・樋口忠彦（1971）：自然地形と景観：土木学会年学講IV，土木学会
6) 篠原修編（2007）：景観用語事典 増補改訂版：彰国社
7) 日本造園学会編（1978）：造園ハンドブック：技報堂出版
8) 枡野俊明（2003）：日本庭園の心得―基礎知識から計画・管理・改修まで：国際花と緑の博覧会記念協会，毎日新聞社
9) 中根史郎（2001）：庭のデザイン①燈籠：学習研究社
10) 中根史郎（2001）：庭のデザイン②飛石・敷石：学習研究社
11) 中根史郎（2001）：庭のデザイン③手水鉢：学習研究社
12) 池原義郎・野出木貴夫他（1973）：傾斜地開発の基礎的研究：日本建築学会学術講梗概集
13) 農耕と園芸編（1979）：植木⑧ 土の造園デザイン：誠文堂新光社，207
14) 日本公園緑地協会造園施工管理委員会編（2011）：改訂26版 造園施工管理（技術編）：日本公園緑地協会
15) 中島宏（2004）：緑化・植栽マニュアル：経済調査会
16) 日本造園建設業協会編集委員会（2010）：植栽基盤整備ハンドブック（第3版）：日本造園建設業協会

2章　防災機能の向上

2.1　造園空間における防災機能

> 造園空間では，緑とオープンスペースの特質を活かし，計画的にネットワーク化することにより，主として減災の観点から防災機能を発揮することが求められる．また，防災機能に加えて，平常時には環境や景観形成，レクリエーション利用やコミュニティ形成などの多面的な機能を発揮しなければならない．

【解　説】

　人口と産業が集積する都市のみならず，地方においても災害から人命と財産を守ることは，持続可能な地域づくりに欠かすことができない．緑とオープンスペースの特質を活かして，その優れた防災機能を発揮し，地震火災や津波などの自然災害に対する有効な防災・減災方策を講じることが求められる．

（1）災害に対する考え方

　大規模な自然災害では，多くの人命が失われて多大な被害を生じる．大規模な自然災害リスクの存在を再認識し，被災した場合であっても人命を保つことを最大限重視し，また，経済的被害をできるだけ少なくするような「減災」の観点から災害に備える必要がある[1]．

　今後，地球温暖化により強大な台風や集中豪雨が頻繁に発生することが予想され，人口減少と高齢化が進展する中，これまで過度に開発した土地をもとの緑地に再生することをはじめとして，緑とオープンスペースの防災機能を適切に発揮させることが求められている．

（2）緑とオープンスペースの防災機能と役割

　都市の緑とオープンスペースには，山林や田畑，河川，施設に付帯する緑地，住宅庭園まで様々な種類の緑地が含まれる．防災機能の向上を図るためには，これらの緑とオープンスペースに加え，歩道の街路樹や植栽帯・中央分離帯のある広幅員の道路等を適切に組み合わせ，全体的なネットワークを形成することが必要である．また，浸水地や崩落地，活断層を緑地として保全することで災害の回避に役立てることも重要である．

　緑とオープンスペースには，空間の広がりを確保することで，火災に対して安全距離の確保や復旧活動の場を提供する機能があり，津波に対しては地形や盛土等による高さの確保によって，津波の減衰や避難安全域の確保を果たす．その植栽には，津波を減衰させたり漂流物を捕捉する機能を期待することができる．また，流れや池などの水面には，災害時に消防用水や生活用水を提供する機能がある．

　緑とオープンスペースの防災機能は，災害発生の前後と発災後の時間経過によって求めら

2章 防災機能の向上

れる内容が変化する．防災訓練を含む平常時の利用の予防段階，主として避難に関する機能が求められる発災直後から緊急段階までのおおむね3日，その後は応急，復旧・復興活動の場としての機能が求められる（**解説表Ⅲ.2-1 参照**）．

解説表Ⅲ.2-1　防災機能と時系列との対応[3]

段階\機能	予防（平常時の利用）	直後	緊急	応急	復旧・復興
	発災前	発災　おおむね3時間　おおむね3日			
①避難（一時的避難及び広域避難）		■■■■■■■■■■■■■■■			
②災害の防止と軽減，及び避難スペースの安全性の向上		■■■■■■■■■■■■■■■			
③情報の収集と伝達		■■■■■■■■■■■■■■■■■■■■■■■■■■■■■■■■			
④消防・救援，医療・救護活動の支援		■■■■■■■■■■■■■■■■■■■■■■■■■■■■■■■■			
⑤避難及び一時的避難生活の支援		■■■■■■■■■■■■■■■■■■■■■■■■■■■■■■■■			
⑥防疫・清掃活動の支援			■■■■■■■■■■■■■■■■■■■■■■■■		
⑦復旧活動の支援				■■■■■■■■■■■■■■■	
⑧各種輸送のための支援（③〜⑦関連）			■■■■■■■■■■■■■■■■■■■■■■■■■■■■		

都市内の適所に適切な種類の緑の空間を配置し，ネットワークを形成することで，避難系・救援系それぞれの防災機能を強化していくことが望まれる．

防災機能の発揮は，（3）と（4）で示すように，主に緑地の存在効果による大規模な自然災害等の防止・緩和を担うものと，主に利用効果による各種活動の場を担うものとがある（**解説表Ⅲ.2-2 参照**）．

解説表Ⅲ.2-2　緑とオープンスペースの防災機能と役割[5] をもとに作成

防災機能と役割		具体的な内容
存在効果	自然災害の防止・緩和	風害・水害・潮害・雪害・崖崩れによる被害の防止・緩和
		津波に対する多重防御の一つ（津波減衰，漂流物の捕捉）等
	火災・爆発による災害の防止・緩和	火災の延焼の防止・遅延，爆発による被害の防止・軽減
利用効果	災害時の避難の場	避難地（火災・津波）・避難路，帰宅困難者の収容空間等
	災害対策の拠点	救援活動の拠点，復旧・復興の拠点，資材・がれきの仮置場，仮設住宅等
	記録と伝承	震災遺構（断層面・被災建物），資料館，記念碑・空間，教育・学習等

（3）防災まちづくり

　大規模な自然災害に対して，構造物だけで対応することに限界があると認識されたとき，自然地を緩衝地帯として十分に確保するという防災・減災の手法は，長期的に見て最も効率的，効果的な手法となる[6]．氾濫原や干潟，湿地や草地，渓流沿い樹林地，山腹斜面及びその下部等被災リスクのある場所を緑地として保全・再生することは，安全な都市を形成していくことにつながる．

　都市地域での避難路や沿岸域での津波防護に資する緑地などの整備と合わせて，防災機能を発揮する緑のインフラストラクチャー（グリーンインフラ）を保全・形成していくことが求められている．

（4）防災公園等

　公共の緑とオープンスペースの中核となる防災公園等の種類と機能・役割は様々であり，適切な配置が望まれる（**解説表Ⅲ.2-3**，**解説図Ⅲ.2-1**）．

　救援・救助の拠点や避難地となる主要な公園は，地域防災計画に位置づけられる．都市内の大規模な公園などでは，拠点（救援）機能と避難機能を一つの公園で分担する場合がある．

解説表Ⅲ.2-3　防災公園等の種類と機能・役割[7]に加筆

●防災公園

機能区分		役割	公園種別と面積要件等	参考）補助対象となる災害応急対策施設
拠点機能	広域防災拠点	主として広域的な復旧・復興活動の拠点となる都市公園	広域公園　等 面積おおむね50 ha 以上	・備蓄倉庫 ・耐震性貯水槽 ・放送施設 ・情報通信施設 ・ヘリポート ・延焼防止のための散水施設 （一次避難地で防災活動拠点の機能を有さない場合は ・備蓄倉庫 ・耐震性貯水槽）
	地域防災拠点	主として被災地の背後地にあって，救援活動の用に供する都市公園	都市基幹公園　等 面積おおむね10 ha 以上	
避難地機能	広域避難地	大震火災等の場合に広域的避難の用に供する都市公園	広域公園，都市基幹公園　等 面積おおむね10 ha 以上	
	一次避難地	大震火災等の場合に主として一時的避難の用に供する都市公園	近隣公園，地区公園　等 面積おおむね2 ha 以上 （津波避難場所1 ha 以上）	
	避難路	広域避難地又はこれに準ずる安全な場所へ通ずる避難路となる緑道	緑道　等 幅員10 m 以上	
緩衝機能	緩衝緑地	主として災害を防止することを目的とする緩衝緑地帯としての都市公園	緩衝緑地	

解説表Ⅲ.2-3（つづき）

●身近な防災活動拠点の機能を有する都市公園

身近な防災活動拠点	都市の防災構造を強化する公園・緑地		
	身近な防災活動拠点となる公園・延焼防止帯等となる緑地	街区公園　等	・備蓄倉庫 ・耐震性貯水槽 ・放送施設 ・情報通信施設 ・ヘリポート ・係留施設 ・発電施設 ・延焼防止のための散水施設

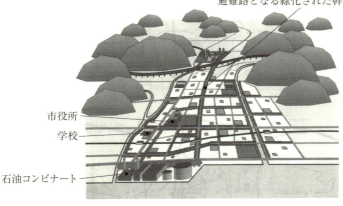

【防災公園等の種類】
●防災公園
　　広域防災拠点の機能を有する都市公園
　　広域避難地の機能を有する都市公園
　　一次避難地の機能を有する都市公園
　　避難路の機能を有する都市公園
　　石油コンビナート地帯等と背後の一般市街地を遮断する緩衝緑地
●身近な防災活動拠点の機能を有する都市公園
　　身近な防災活動拠点の機能を有する都市公園

解説図Ⅲ.2-1　防災公園配置模式図[8]

大都市では地震と火災に対して都市の緑化による不燃領域の拡大と安全な避難地の確保が求められ，一方，沿岸地域では津波に対して避難と海象の観察地点ともなる高台の活用や避難築山の設置などが求められる．

また，東日本大震災の被災地で整備が進められている公園緑地に，津波防災緑地がある[1]．

2.2 防火植栽

防火植栽は，樹木の耐火限界距離や人間の耐火限界距離を踏まえて，防火樹林帯の幅や厚み等の断面構成を十分考慮して施工する．樹種は耐火性のあるものを選定し，避難経路を確保した上で，輻射熱を効率よく遮断する配植とすることが望ましい．

防火植栽は，長期にわたる適切な管理により，機能を維持できるものであることを十分に理解して対応しなければならない．

【解 説】

防火植栽は，樹木本来の環境保全等の機能に加え，火災発生時には人命や財産等を火災から守ることを念頭に植栽されるものである．この節では，2.1で触れた緑とオープンスペースの防災機能のうち，主に広域避難地（避難場所）となる都市公園における防火植栽について解説する．

(1) 防火効果の基本的考え方

市街地火災の危険性の高い地域において，公園などに避難地となる機能や延焼抑制の機能を持たせるために防火樹林帯等を導入する場合は，樹木の耐火限界距離や人間の耐火限界距離（安全域）を踏まえて（**解説図Ⅲ.2-2参照**），防火樹林帯の幅や厚み等の断面構成を決定する必要がある．また，市街地火災から避難広場等を保護するために，周辺の街区や建物の

解説図Ⅲ.2-2 防火樹林帯の概念図[9] をもとに作成

防火・耐火性能，周辺のオープンスペースの状況，敷地条件，立地条件を考慮する必要がある．

災害時における植栽地の効果としては，上記のほか倒壊被害の軽減，緑陰等の提供による避難生活の支援，位置確認に寄与するランドマークの提供，安心感や癒しの場の提供，家屋等火災の延焼防止，広場等における火災旋風の発生の軽減による避難広場内の安全性の確保がある．

（2）防火植栽の設置規模

防火樹林帯の幅や厚み等の断面構成は，輻射熱量を参考に（木材は 4,000 kcal/m^2・h，樹木は 12,000 kcal/m^2・h，人間は 2,050 kcal/m^2・h が限界値とされている）[10]，諸条件，公園全体計画との整合性を考慮して設定する．

（3）植栽手法

ⅰ．樹種選定

樹木の防火力については，既往の研究により樹木の耐火ランク付けがなされており（**解説表Ⅲ.2-4 参照**），これらの耐火ランク（強度 A は防火力が高く，BC の順に低くなる）を踏まえて防火力の高い樹木を選定することが望ましい．

解説表Ⅲ.2-4　樹木の防火力ランク（参考）[11]

強度	常緑広葉樹	落葉広葉樹	針葉樹
A	イヌツゲ，キヅタ，クチナシ，ゴムノキ，サザンカ，サンゴジュ，ジンチョウゲ，タラヨウ，ツバキ，トウネズミモチ，トベラ，ヒイラギ，モチノキ，ヤツデ	イチョウ，エンジュ，オニグルミ，コナラ，シンジュ，スズカケノキ，トウカエデ，ユリノキ	アカマツ，イチイ，イヌマキ，カラマツ，コウヤマキ，スギ，ヒノキ
B	アオキ，アラカシ，ウバメガシ，カナメモチ，キンモクセイ，クスノキ，サカキ，シキミ，シャリンバイ，シラカシ，スダジイ，タイサンボク，ネズミモチ，ヒサカキ，ビワ，マサキ，マテバシイ，モッコク，ヤマモモ，ユズリハ	アオギリ，イイギリ，イチジク，イヌエンジュ，ウメ，クヌギ，クリ，クワ，ケヤキ，コナラ，シナノキ，トチノキ，ナツヅタ，ナナカマド，ニセアカシア，ハクウンボク，ハクモクレン，フウ，ホオノキ，ミズキ，シダレヤナギ	イヌガヤ，カヤ，クロマツ，コウヨウザン，サワラ，タギョウショウ，トウヒ，ヒマラヤシーダ，ヒムロ，モミ
C		イタヤカエデ，エノキ，カツラ，サルスベリ，フジ，ボダイジュ，ムクノキ	エゾマツ，カイヅカイブキ，トドマツ，ネズミサシ，ヒヨクヒバ

ⅱ．配植手法

配植は，効率よく輻射熱を遮断する中木の障壁をつくると同時に，適度な空間を確保す

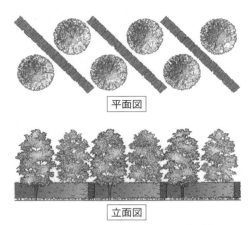

解説図Ⅲ.2-3　ブラインド植栽[12]

ることによって，安全・安心を確保しつつ，どこからでも逃げ込むことができるようにブラインド植栽を行うことが望ましい（**解説図Ⅲ.2-3**）．

　ブラインド植栽における高木は，耐火力と遮熱力が高い常緑広葉樹を選択し，列数を多くし，千鳥状に配置することが望ましい．また，中木は，輻射熱の進行方向から45°傾けた方向にブラインド状に配置し，遮蔽率が高まるように管理作業時に生垣状に刈り込むことが望ましい．樹種としては耐火力が強く，かつ刈り込みに耐え，日陰でも良く育つサザンカ，ツバキ類，サンゴジュ等の常緑広葉樹を選択する．

　防火樹林帯の階層構成は，高木，中木，低木の3層構成（3層植栽）とすることが望ましい（**解説図Ⅲ.2-4**）．具体的には，火熱を遮るために高木や中木を配し，高木は人の高さ以上の火熱，中木は人の高さ以下の火熱を遮る役割を担う．低木は主に地表火による延焼を防ぐ役割を果たす．

　高木の植栽が難しい小規模な敷地等においては，敷地境界を中木などの生垣で囲うことが望ましい．生垣は，火災時の火災延焼防止だけではなく，地震時においてはブロック塀のように倒壊の恐れがなく，敷地内外の避難路の確保に寄与することができる．

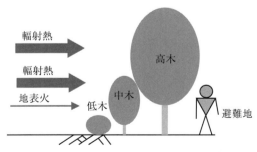

解説図Ⅲ.2-4　3層植栽の考え方[13]

（4）防火効果の評価

既存の身近な公園の防災機能を向上するためには，情報収集，現地調査，分析を行い，防火性能を評価することが重要である（**解説図Ⅲ.2-5**）．

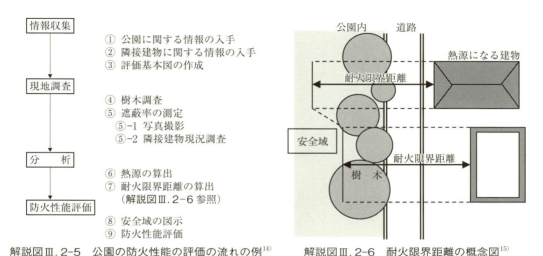

解説図Ⅲ.2-5　公園の防火性能の評価の流れの例[14]　　解説図Ⅲ.2-6　耐火限界距離の概念図[15]

（5）防火植栽の管理

植栽直後は，若木などであり十分に生育していないため，長期的な視点に立って管理することが求められる．また，時間が経過し十分に成長した後は，当初の整備方針を確認した上で，防犯上や景観を考慮して防火植栽としての機能が発揮されるように管理しなければならない．枯死木や活力が衰えた樹木の場合には難燃性が発揮されない恐れもあり，常に樹木の生育状況を確認する必要がある．

2.3　避難地・避難路の形成

災害時の緑とオープンスペースの活用は，その空間の特性を活かしたものであり，公園等の広場や園路，そのほかのスペースを含めて様々な活用が可能である．また，都市の防災機能の向上には，オープンスペースの整備に加えて，安全に速やかに避難するための避難路となる緑道や緑化された幹線道路，歩行者専用道路等を配置することが望ましい．

【解　説】

避難地として必要となるスペースの用途は，避難や救援，諸活動のスペース等，時間の経過に伴い変化する．例えば，被災直後は火災の延焼遅延・防止，避難スペース，又は消防や救助活動の支援スペースとして，次いで応急生活スペースや復旧活動の支援スペースとなるなど，状況に応じた様々な用途が考えられる（「**2.1 造園空間における防災機能**」参照）．この節では，避難地となるオープンスペース整備の留意点を解説する．なお，救援救助拠点の形成に必

要な事項については，「2.4 救援救助拠点の形成」を参照のこと．
（1）入　口
　誰でもが円滑に避難できるよう十分な幅員を確保し，段差や構造物は極力設けない．車止めを設置する場合，車いす利用者が通行可能な間隔[17]（有効幅 90 cm 以上）やタイプとするなどの配慮が必要である．

　舗装表層材料は，耐久性，耐火性のあるもの，滑りにくいものとするほか，破損した場合の応急的な修復が容易なものが望ましい．また，雨天時の歩行性に配慮すると，透水性舗装が望ましい．

　入口には，夜間の停電時にも入口が視認できて安全に避難できるように，防災対応型の避難誘導灯や照明灯（ソーラー照明灯やバッテリー付照明灯等）などを整備することが望ましい．

（2）外周形態
　避難者が公園入口以外からも進入できることが望ましいため，外周部に段差や構造物を設置する場合はそれを妨げないよう，以下のような配慮をすることが望ましい．
・構造物はできるだけ低く，フェンス等は一部で取り外し可能なものとする
・法面はできるだけ緩く，人が乗り越えられるようにする
・植栽は，防火性能を維持しつつ避難者が通行できる配植とする
　例：互の目植栽，3列交互（ちどり）植栽[18]，ブラインド植栽（「**解説図Ⅲ.2-3 ブラインド植栽**」参照）等

（3）園　路
　入口から避難広場に接続する園路は，誰でもが円滑に避難できるよう，（1）同様に段差等は極力設けない．また，ユニバーサルデザインに配慮した勾配[16]（縦断勾配 5% 以下，地形の状況等で 5% 以下が困難な場合 8% 以下）とする．線形は避難時の人の流動に支障のないよう分かりやすく単純なものが望ましいが，入口から避難広場へ直線的な線形は，風道となり輻射熱や熱気流の影響を受けやすいため避ける．

　舗装材料は，（1）と同様に耐久性，耐火性のあるもの，滑りにくいものとするほか，破損した場合の応急的な修復が容易なものが望ましい．また，雨天時の歩行性に配慮して，透水性舗装とすることが望ましい．

（4）広　場
　避難スペースのほか，時間の経過に伴い救援活動等の拠点スペース，一時的避難生活スペースとしての活用が想定されるが，基本的には平常時の利用に応じた整備内容とする．

　市街地火災からの避難を想定した，広域避難地の機能を有する都市公園等における避難スペースの規模は，避難対象人員に原単位[2]（1人当たりの避難面積：2 m^2/人以上，現状に応じ 1～2 m^2/人）を乗じて算出し，広場等の安全で避難可能な区域に確保する．水面や立ち入ることができない植栽地，他の目的で占用的に使用することになっているスペース等，避難者の収容に適さない部分は面積から除外する．

2章　防災機能の向上

（5）避難路となる緑道等

　街路樹が整備された緑豊かな街路は，市街地火災から避難する際の安全な経路となるほか，帰宅困難者が徒歩帰宅（又は出勤）する際にも歩きやすい空間とすることが望ましい．
　樹木の防災機能は「2.2 防火植栽」に示す防火機能のほかにも，高木による家屋倒壊防止の機能を持つ．また，生垣等は倒壊により通行の支障となる可能性のあるブロック塀に比べて安全な避難路の創出に役立つ．

（6）防災関連公園施設等

　避難地となる公園等のオープンスペースに設置される防災関連公園施設には，一般に**解説表Ⅲ.2-5**の施設があげられる．災害時の利用を想定することはもちろん，平常時の公園利用や防災訓練等での使用や景観に配慮して施工することが望ましい．

解説表Ⅲ.2-5　主な防災関連公園施設の種類[2) 4)]

- 園路，広場他
- 植栽（防火樹林帯）（→「2.2 防火植栽」参照）
- 水関連施設（耐震性貯水槽，非常用井戸，池・流れ等，散水施設　等）
- 非常用便所
- 情報関連施設（非常用放送設備，非常用通信設備，標識及び情報提供設備）
- エネルギー，照明関連施設（非常用電源設備，非常用照明設備）
- 備蓄倉庫
- 管理事務所
- その他の防災活用公園施設（災害対応四阿・パーゴラ，炊事等関連施設　等）

2.4　救援救助拠点の形成

　緑とオープンスペースでは，その空間の特性を活かし，災害時には消防や自衛隊，警察，医療チーム，ライフライン事業者，緊急災害対策派遣隊等の救援救助部隊が集結し，活動の拠点を形成することがある．また，被災地外からの援助物資を集積し，仕分けを行い，被災地に配送する物資拠点を形成することがある．
　救援救助の拠点となるオープンスペースでは，これらを踏まえた施設と植栽を行うことが望ましい．

【解　説】

　部隊活動拠点や物資拠点となる救援救助拠点の規模は，被災の大きさにより様々であるが，おおむね1ha以上の規模があれば，活用が可能となる．救援救助活動は，要救助者への速やかな対応やライフラインの応急復旧，避難生活者への支援，二次災害の防止対応等，災害発生直後から長期間にわたり対応すべき重要な役割を担っており，その活動の拠点形成では，避難機能と競合しないように配慮しなければならない．

（1）入口・通路

　物資拠点の入口では，通路の幅員や形状等は，救援救助拠点で想定される車両に応じて走行軌跡図を作成して設計されなければならないが（**解説図Ⅲ.2-7参照**），一律に一方通行は4.0 m，相互通行は6.0 mと簡易な方法で設計される場合がある．この場合，特に入口部分において，前面道路との関係などから円滑な通行に支障をきたすことがあるので，現地において支障物の状況を確認することが望ましい．

　緊急車両には重車両が含まれるので，入口・通路の横断側溝や内輪差の影響を受ける桝の蓋類のT荷重の確認に，留意が必要である．具体的には，蓋の種類はT-20とすることが望ましい．

　また，入口に設置する門扉や車止めは，開閉が容易なタイプが望ましい．鍵については，特記仕様書での指定がない限り，消防署等が持つものと共通の鍵とすることが望ましい．

　更に，門扉や横断側溝等の横断構造物が介在する入口では，緊急車両交通の集中に伴い不陸による段差が生じやすいため，横断構造物周囲の路床は，十分に転圧し，締め固めることが望ましい．

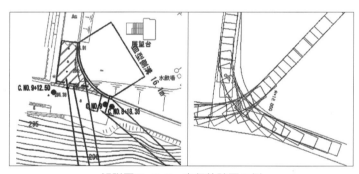

解説図Ⅲ.2-7　走行軌跡図の例

（2）駐車場

　緊急車両の駐車だけでなく，資材置き場や宿営地等，多用途に活用される．そのため，マウンドアップ型の歩行者通路や区画境に使用する高木植栽帯は，多用途活用に制限を与えることから，フラットタイプの駐車場とすることが望ましい（**解説写真Ⅲ.2-1参照**）．

　なお，多用途活用を考慮した場合に，適切な表面排水処理が重要となるが，フラットタイプでは，身体障がい者及び高齢者，ベビーカーの使用者等が駐車場面を通行することに留意して，排水勾配を0.5～1.0%と抑えて設計される場合がある．この場合には，設計意図を十分に理解し，丁寧な施工とすることが望ましい．

解説写真Ⅲ.2-1 フラットタイプ駐車場の改修施工例
(小瀬スポーツ公園)

(3) ヘリコプターの離着陸場

ヘリコプターが離着陸できる場所は,「航空法」に規定される.この中で,救援救助拠点での離着陸場は,一般的に「航空法」第79条の規定に基づき,場外離着陸場として設置される事例が多い(**解説図Ⅲ.2-8参照**).

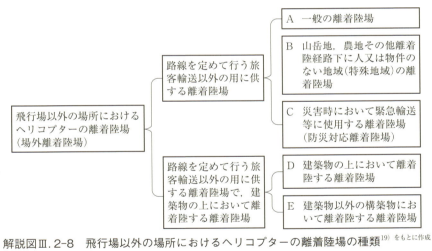

解説図Ⅲ.2-8 飛行場以外の場所におけるヘリコプターの離着陸場の種類[19]をもとに作成

場外離着陸場は,「航空法」「航空法施行令及び施行規則」で示される規定・基準に基づき設計され施工されなければならない.特に,マーキング(Hマーク)や照明設備,風向灯,燃料保管場所については,場外離着陸場であれば,使用時の仮設対応が可能であるため,普段の利用を考慮し,設計意図を十分に確認の上,施工することが望ましい.

また,施工後,進入表面及び転移表面に支障となる物件が存在することのないように,設計時の測量成果を確認することが重要であり,支障となる恐れがある物件については,起工測量時において高さの計測を行い,あらかじめ検証しなければならない(**解説表Ⅲ.2-6参照**).

解説表Ⅲ.2-6 一般及び防災対応離着陸場の基準[19] をもとに作成

分類*		A 一般の離着陸場	C 災害時において緊急輸送等に使用する離着陸場（防災対応離着陸場）
条件		—	・災害時における緊急輸送活動のための物資，人員等の輸送であること． ・地面効果外ホバリング重量の95％以下の重量で運航すること． ・操縦士の資格は，定期運送用操縦士又は事業用操縦士であること．
離着陸地帯	位置及び方向	動力装置が故障した場合に地上又は水上の人又は物件に対し，危害を与え，又は損傷を及ぼすことなく不時着できる離着陸経路が設定できるよう選定されていること．	原則として地上に設定する． ただし，周囲の環境条件によりやむを得ない場合は15mの高さを限度とする別図8の仮想離着陸地帯を設定することが出来る．
	長さ及び幅	長さは使用機の投影面の長さ（以下「全長」という．）以上，幅は，使用機の投影面の幅（以下「全幅」という．）以上であること．	使用機の全長に20mを加えた値以上とする．ただし，全長が20m以上の使用機については全長の2倍以上とする．
	表面	十分に平坦である．最大縦断こう配及び最大横断こう配は5％であること． 使用機の運航に十分耐える強度を有するものであること．	接地帯を除き，30cm程度の高さを限度として出来るだけ平坦であること．
	接地帯	—	長さ及び幅は，使用機の全長以上であること． 表面は十分に平坦であり，最大縦断こう配及び最大横断こう配は5％であること． 使用機の運航に十分耐える強度を有するものであること．
進入区域及び進入表面		原則として別図3のとおりとする．ただし，進入経路と出発経路が同一方向に設定できない場合は，別図4〔編注：本書収録なし〕によることができる．進入表面のこう配は，離陸方向に対しては8分の1以下，着陸方向に対しては4分の1以下とし，同表面の上に出る高さの物件がないこと．	原則として別図8のとおりとする．ただし，進入経路と出発経路が同一方向に設定できない場合は，進入方向交差角を90度以上とすることができる．進入表面のこう配は4分の1以下とし，同表面の上に出る高さの物件がないこと．
転移表面		原則として1分の1以下のこう配を有する別図3に示す表面とする．移転表面の上に出る高さの物件及び離着陸地帯の各長辺から外側に10mまでの範囲内に2分の1のこう配を有する表面上に出る高さの物件がないこと．ただし，離着陸地帯の一方の長辺（以下「甲長辺」という．）の側の移転表面については，甲長辺の外方向使用機のローター直径の長さの4分の3の距離の範囲内に離着陸地帯の最高点を含む水平面の上に出る高さの物件がない場合で，かつ，離着陸地帯の他の長辺（以下「乙長辺」という．）の外方離着陸地帯の短辺の長さの2倍の距離の範囲内に10分の1こう配を有する表面上に出る高さの物件のない場合は，1分の1を超えるこう配を有する別図5〔編注：本書収録なし〕に示す表面とすることができるものとする．この場合，乙長辺の側の転移表面のこう配は1分の1以下とし，転移表面の上に出る高さの物件がないこと．	—
その他		—	仮想離着陸地帯を設定した場合には夜間の使用は不可．
別図		別図3 回転翼航空機の場合の進入区域，進入表面，転移表面の略図	別図8 回転翼航空機の場合の進入区域，進入表面，仮想離着陸地帯の略図

*A及びCの分類は**解説図Ⅲ.2-8**と同じ．

2.5 災害応急対応

災害応急対応は,「災害救助法」や「災害対策基本法」等の関連法令に基づき実施されることとなるが,都市公園等の公共土木施設に関わりの深い造園建設業は,災害における都市公園等の応急復旧に大きな役割を担うこととなる.この役割を果たすために,特に「災害救助法」,並びに「公共土木施設災害復旧事業費国庫負担法」を理解し,災害応急対応に当たらなければならない.

【解　説】

　自然災害により被災した公共土木施設の災害復旧事業費について,地方公共団体の財政力に適応するように国の負担を定めて,災害の速やかな復旧を図り,もって公共の福祉を確保することを目的に,昭和26年3月に「公共土木施設災害復旧事業費国庫負担法」が制定されている.この法律の特色は,国の高率な費用負担を求めている点(災害発生年災の場合,交付税措置により実質的な地方公共団体の負担は最大でも1.7%)と,広範な公共土木施設を対象としている点(河川,海岸,砂防設備,林地荒廃防止施設,地すべり防止施設,急傾斜地崩壊防止施設,道路,港湾,漁港,下水道,公園),迅速な復旧工事着手を保証している点である.迅速な復旧工事着手とは,国の災害査定を待たずに被災直後からの復旧工事が可能であり,災害査定前に実施した復旧工事も,災害復旧事業に合致するもの全てが国庫負担の対象となり,「公共土木施設災害復旧事業費国庫負担法」が事業着手の制約になるものではないことを示している.

　ただし,査定前に着工する応急的な仮工事や復旧工事の被災箇所は,これらの工事により被災の事実が消失してしまうことから,着工前の被災状況について,可能な限り被災状況がわかる写真記録を実施することが望ましい.

解説写真Ⅲ.2-2　被災箇所の写真撮影例

写真記録は，現地の被災状況を把握，確認するための重要な資料となるばかりか，写真記録の良否，出来栄えが災害査定内容に大きく影響することにも留意しなければならない．

　したがって，設計図が揃っていない段階で実施される応急復旧工事に際しては，工事着手前の写真記録を確実に行うことが望ましい．

　また，被災の現地は不安定で二次災害の恐れがあり，危険箇所での写真撮影は多大な負担となり，安全上も問題であり合理性に欠ける．一方で，被災範囲の起終点や土中や見えにくい部分等の詳細写真は重点的に準備すべきものであり，合理化を図るべきものと力点を置くべきものを理解して撮影することが重要で，防災訓練や災害対応マニュアルのメニューとして普段から慣れ親しんでおくことが望ましい．なお，復旧事業の詳細，並びに上述した写真撮影について，『災害手帳』[20] 及び『公共土木施設災害復旧の災害査定添付写真の撮り方』[21] などを参考としてもよい．

Ⅲ部2章 参考文献

1) 国土交通省都市局公園緑地・景観課 Web サイト：東日本大震災からの復興に係る公園緑地整備に関する技術的指針，平成 24 年 3 月 27 日：〈http://www.mlit.go.jp/common/000205823.pdf〉4-5, 2015.3.1 閲覧
2) 都市緑化技術開発機構編集（1999）：防災公園 計画・設計ガイドライン（建設省都市局公園緑地課・建設省土木研究所環境部監修，日本公園緑地協会協力）：大蔵省印刷局
3) 前出 2), 77
4) 都市緑化技術開発機構 公園緑地防災技術共同研究会編（2000）：防災公園技術ハンドブック：公害対策技術同友会
5) 前出 4), 253
6) 鷲谷いづみ（2012）：叢書 震災と社会 震災後の自然とどうつきあうか：岩波書店，134
7) 国土交通省都市局公園緑地・景観課 Web サイト：防災公園の整備：〈http://www.mlit.go.jp/crd/park/shisaku/ko_shisaku/kobetsu/index.html〉，2015.3.1 閲覧
8) 前出 2), 62
9) 前出 2), 131
10) 岩河信文（1984）：都市における樹木の防火機能に関する研究：建築研究報告 No.105（建設省建築研究所監修），1984 年 1 月，建築研究振興協会
11) 前出 2), 134
12) 都市緑化技術開発機構 防災公園技術普及推進共同研究会編著（2005）：続・防災公園技術ハンドブック：環境コミュニケーションズ，233
13) 前出 12), 岩河信文原案, 234
14) 前出 12), 224
15) 前出 12), 225
16) 岩崎哲也（2011）：第 4 章 防火・防熱効果：都市緑化の最新技術と動向（山田宏之監修），シーエムシー出版
17) 国土交通省（2012）：都市公園の移動等円滑化整備ガイドライン【改訂版】，平成 24 年 3 月

18) 中島宏（2004）：緑化・植栽マニュアル：経済調査会，173-174
19) 国土交通省（2011）：災害時に救援活動を行う航空機に係る許可手続き等の柔軟化について（平成23年10月20日付け国空航第305号）別添2
20) 全日本建設技術協会（2014）：平成26年 災害手帳：全日本建設技術協会
21) 全日本建設技術協会（2014）：公共土木施設災害復旧の災害査定添付写真の撮り方―平成26年改訂版―：全日本建設技術協会

3章　生物多様性の保全

3.1　目標環境の設定

　生物多様性の保全には，まず目標設定が必要である．造園空間の整備・管理等に関わる生物多様性の保全においても，目標環境を設定しなければならない．

【解　説】
(1) 目標環境設定の必要性

　生物多様性は，地球環境の変動と生物の進化の歴史によって形成されてきた．「多様性」と言う言葉が用いられるが，特定の地域での種数を最大化することが好ましいわけではない．「生物多様性条約」においては，生物多様性とは「全ての生物の間の変異性をいうものとし，種内の多様性，種間の多様性及び生態系の多様性を含む」と定義されている．

　生物を扱う造園は，長年の歴史の中で生物多様性保全に貢献する側面と劣化させる側面を持ち合わせてきた．前者は，生物の生息・生育地の維持と創出であり，後者は，植物を中心とした生物を材料として自然環境から収奪してきたことと，珍しい材料を求めた結果としての外来種の拡散である．しかし，生物の特性について長年の技術の蓄積がある造園は，今後の生物多様性保全に欠かせない技術であると言える．

　造園空間の整備・管理等における生物多様性保全では，まず目標環境を設定しなければならない．慎重な事前調査に基づき目標設定を行わないと，対象地の環境に適していない空間を創出することにより，地域の生物多様性にとって悪影響を及ぼす可能性がある．目標環境設定までの手順は，おおむね**解説図Ⅲ.3-1**のようになる．

(2) 既存の文献，関連計画の調査

　対象地が位置する地方公共団体等に生物多様性地域戦略が存在する場合は参照し，対象地を含む地域の生物多様性保全上の位置づけを把握する．

　生物多様性地域戦略では，地域外であっても生物多様性保全上留意すべき事柄や当該地方公共団体内での先行的な事例や今後の保全の方針が記載されており，目標環境設定の参考になる．地域戦略が存在しない場合には，緑の基本計画など，関連の空間計画が参考になる場合がある．加えて，地方公共団体，あるいは地域の生物情報を収集する．これらは一般に公開されていないことも多いが，地方公共団体が保有していたり，自然史博物館でデータベースが構築されていることがある．地域の有志が独自に自然史に関わる情報を収集し，公開している場合もある．また，都道府県，あるいは市区町村がとりまとめているレッドデータブックを入手する．

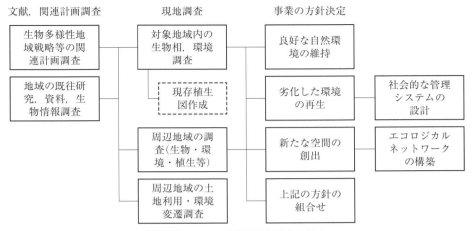

解説図Ⅲ.3-1　目標環境設定の流れ

　対象地及び周辺地域に関わる既往研究，報告書などの文献調査も重要である．自然性の高い対象地であれば，公的な機関による継続的な生物相（フローラとファウナ）調査が行われている可能性が高い．ほかにも，日本野鳥の会や，各種生物の愛好会などの団体が，定期的な調査を行っていることがある．現地調査を的確に実施するためには，事前の資料収集が欠かせない．

（3）対象地と周辺地域における現地調査

　対象地の生物相を調査する必要がある．生物の調査方法は，その目的と分類群に合わせて様々な種類が存在するが，対象地の特性と規模，そして事業の目的に合わせて選択する必要がある．

　一般的に植物相（フローラ）の調査は実施され，動物相（ファウナ）として鳥類，両生爬虫類，哺乳類，昆虫類などが対象になり，水域が含まれている場合は魚類を始めとした水生生物を調査する必要がある．対象地の規模が大きい場合には，植生調査を実施し，現存植生図を作成する．必要に応じて地形・地質調査，土壌調査，水質調査などの環境調査も実施する．

　生物多様性保全においては，周辺環境の調査が重要である．多くの生物のライフサイクルは，対象地内だけで完結するわけではなくて，周辺地域とあいまって成り立っている．周辺環境の調査には，対象地と同じような努力量で調査を行うことはできないが，土地利用調査，相観植生調査は少なくとも必要である．特に生物多様性保全上重要な箇所について，もし最近の既存の生物情報が存在しなければ，対象地に準ずる生物調査，環境調査を行うことが望ましい．

　対象地と周辺地域の環境の変遷について調査することも，目標環境の設定に大いに有用である．必ずしも過去の環境の復元を目標にする必要はないが，過去を知ることによって，将来の目標も立てやすくなる．地形図や土地利用図，空中写真を用いて，土地利用の変遷を明

らかにするとともに，可能であれば植生の変遷も調査する．地域にもよるが，地形図は明治から大正のものを入手することができるし，空中写真については戦後直後に米軍が撮影した白黒写真がほぼ日本全国に存在するので分析に活用することができる．

（4）整備・管理等の事業の方針決定

　事業の目的や対象地の状況により事業の方針は様々であるが，生物多様性保全の視点からはおおむね大きく三つに区分できる．すなわち，「自然公園内や人為的な影響が少ない地域において，良好な自然環境を維持すること」「様々な理由により生物多様性が劣化しているため，良好な環境を再生させること」「埋立地の緑化や屋上緑化のように，自然環境の基盤自体が大きな改変を受けている場所に新たな空間を創出させること」の三つである．この三つのどれかに分類されなければならないわけではなく，適宜それらを組み合わせる必要がある．

　第1の良好な自然環境の維持は，先の現地調査結果から自ずと導き出されることが多い．対象地の立地に依存することが多いので，余り方針の検討が難航することはない．

　第2の再生は，自然公園から，里山，都市緑地まで実に様々な例が考えられる．里山に代表されるように，社会経済システムの変化に伴い必ずしも過去の形態に戻せばよいわけではない場合や，獣害に見られるように自然性が高い地域にもかかわらず積極的に人間が介入せざるを得ない場合など，方針の検討は容易ではない．この節では，生物多様性に関わる自然条件を中心に解説しているが，再生した環境を持続的に維持するための社会的な管理システムの設計にも着手しなければならない．事業主体のみならず，地域住民や自然保護団体など，多様な主体と連携して方針検討することが求められる．

　第3の新たな空間の創出は，造園が担うことが最も多いタイプである．ビオトープづくりなどと呼ばれることも多い．このタイプでは，対象地が人工地盤であったり，更地になっていて対象地における調査が余り意味をなさないことも多いが，そのような場合こそ周辺環境の調査が重要になる．周辺環境から自ずと目指すべき環境が明らかになる．また，生物多様性の保全という意味では，対象地の規模が小さすぎることも多い．つまり，ほとんどの生物が対象地内で生活環を完結させることができない．そのような場合には，周囲の環境と連携して，生物多様性保全に貢献するために，エコロジカルネットワークの一部として機能することを検討しなければならない．

　エコロジカルネットワークは，個々の生息地がつながれた状態にあり，生物の移動が可能である生息地のネットワークである．エコロジカルネットワーク自体は全ての生態系において重要な機能であるが，規模の大きな生息地を新たに確保しにくい都市において，特に注目されてきた[2]．新たな空間の創出においては，周辺環境の規模と配置を検討し，対象地を含めた地域でエコロジカルネットワークが形成されるように計画しなければならない．具体的には，周辺環境に生息する生物の移動経路や，休息場所として機能するような環境を整備することなどである．その場合には，特定の種だけではなく，複数の種にとってのネットワークとなるように考慮することが望ましい．

(5) 目標環境と目標種

　生物多様性保全を目的とした空間の整備・管理においては，目標種が設定されることが多い．本来目標種は，目標とする環境を代表するような種，あるいは象徴するような種が選ばれるが，目標種の設定が目標環境の検討に先駆けて行われてしまうことも多い．特定の生物種が対象地に現れるかどうかは，その環境が生息・生育にふさわしいかどうか以前に，その種が周辺環境から移入できるかどうかにかかっている．このことが誤解されることが多く，目標種がなかなか出現しないことに焦りを感じ，その種を人為的に導入してしまうということがある．

　空間の整備には，植物種を始め種の導入が欠かせないが，目標種の人為的な導入は本末転倒となってしまう．よって，目標環境を慎重に検討することがまず最優先で，もし目標種を設定したいという要求があるのであれば，目標環境の検討の後，その環境に一般的に出現し，移入の可能性が高い種を選定すべきである．また，その種の出現を事業の成功の判断材料とするのではなく，あくまで対象地の目標環境の確立に向けた目安と捉えるべきである．

3.2　生きものの導入

　生きものの導入に当たっては，目標環境の設定に基づき導入に関する基本方針を定める．生きものの導入は原則として最小限とし，侵略的な外来生物を導入してはならない．また，調達に当たっては，遺伝子の攪乱等を生じさせないように遺伝子レベルの生物多様性の保全を考慮し，同定能力のある技術者のもとで植物及び動物等の確認を行う．

　生きものの採取地においては，環境への負荷を十分に考慮し，採取地に対して負の影響を与えてはならない．

【解　説】

（1）生きものの導入に関する基本的事項

　生きものの導入は，本来対象地に生育・生息していない生きものをほかの地域より導入することになるため，導入後に既に対象地に生育・生息していた個体と交雑して遺伝子を攪乱したり，生態系のバランスを崩す可能性があるため，原則として最小限にしなければならない．やむを得ず導入する場合は，対象地周辺地域の自然環境調査を十分に実施し，対象地の生態系への影響を考慮した上で目標環境を検討し，種ごとに導入の可否や採取地域，採取方法等の導入の方針を慎重に検討しなければならない．

（2）植物の導入

　植物の導入に当たっては，対象地において既存樹木等の植物がある場合は，これらが鳥類の営巣環境や昆虫類等の生息環境として機能している可能性があることから，原則として植栽基盤土壌を含めて保全又は移植活用する．ただし，既存樹木等の植物がハリエンジュやトウネズミモチ等の侵略的外来種の場合は原則として伐採等により駆除する．また，対象地の

目標環境を考慮して，それに相応しくない外来種や園芸種，地域に本来自生しない在来種に関しても対応を検討し，伐採等により駆除することが望ましい．

植物を苗圃等より購入することを検討する前に，まず，整備対象地の周辺地域の自然環境を調査し，埋土種子や地域性系統の在来種等の種子資源の活用を優先することが望ましい．活用に当たっては，整備工程を踏まえて，計画的に種子等の採取及び苗木等の生産を行うことが求められる．種子等の採取に当たっては，植物の繁殖を妨げる等の負の影響を与えないようにしなければならない．

苗圃より植物材料を購入する場合は，整備対象地の生態系の保全，再生，創出のために，特定外来生物（**解説表Ⅲ.3-1参照**）等の侵略的な外来生物は使用してはならず，原則として整備対象地の遺伝子の攪乱を引き起こさないように遺伝子レベルまで考慮して調達する．また，対象とする苗木や種子等の生産履歴が明らかになっているものを選定することが望ましい．

また，植栽材料の本体や根鉢には，苗圃に生育・生息している植物や昆虫類が付随しているため，植物材料とともに整備対象地に移動する可能性が高く，移動に伴い整備対象地の生態系へ影響を及ぼすことが考えられる．そのため，材料の調達に当たっては，苗圃と整備対象地の生態的な違いを考慮し，予測できない生態系への負の影響を抑えるために整備対象地の近傍の苗圃より調達することが望ましい．

解説表Ⅲ.3-1　造園分野に関わる主な特定外来生物（植物）リスト[3]をもとに作成

種　名	学　名	備　考
オオキンケイギク	*Coreopsis lanceolata*	1880年代に観賞用，緑化用として導入．道路の法面緑化等に近年大量に使用されるようになった．緑化用のポット苗としての生産・流通があった．
オオハンゴンソウ	*Rudbeckia laciniata*	明治中期に観賞用として導入．ワイルドフラワー緑化の材料として使われていた．
ナルトサワギク	*Senecio madagascariensis*	埋立地の緑化に使われたアメリカのケンタッキー州から輸入されたシロツメクサやシナダレスズメガヤの種子に混入していたと考えられている．
ブラジルチドメグサ	*Hydrocotyle ranunculoides*	魚の飼育用や観賞用として輸入され，ペットショップやインターネット上で市販されていた．
オオフサモ	*Myriophyllum aquaticum*	河川の自然復元事業の現場や「ビオトープ」に，水質浄化機能がある等の理由で植栽されることがある．
ルドウィギア・グランディフロラ（オオバナミズキンバイ等）	*Ludwigia grandiflora*	ルドウィジアの名前で様々な種類の観賞用の水草が流通，栽培されている．
ボタンウキクサ	*Pistia stratiotes*	通称ウォーターレタスと呼ばれ，園芸店，ホームセンターなどで広く流通・販売があった．

（3）動物の導入

　動物の導入に当たっては，対象地の生態系のバランスを崩す可能性があるため，原則として最小限とする．

　鳥類や昆虫類等の飛翔動物や周辺地域から地表を移動して侵入ができる哺乳類や両生爬虫類等に関しては，整備対象地の生態系のバランスを崩すことや遺伝子の攪乱等の予測できない負の影響を考慮して，原則として人為的な導入は行わないことを基本とする．

　埋立地の緑化や屋上緑化のような創出型の緑地であり，かつ，周辺の自然環境から分断されている場合で，やむを得ず魚類等を導入する場合は，原則として整備対象地の生態的ポテンシャルを考慮して適切な採取地を検討した上で採取・導入することが求められる．採取に当たっては，採取地における環境への負荷を十分に考慮・予測し，元の状態に再生可能な範囲で採取しなければならない．また，採取地の検討においては，土地所有者との協議，漁業権等に関する許可手続きを行わなければならず，「自然公園法」等の法令を遵守する．

3.3　自然素材の導入

　自然素材を導入するに当たっては，整備対象地の表土等の既存資源を保全・活用することを優先する．整備対象地以外から調達する場合は，採取地の自然環境に負の影響を与えてはならない．

　また，自然素材の調達先は，地域性を考慮し，整備対象地又はその周辺地域より調達することが望ましい．

【解　説】

（1）表土の保全と活用

　表土には種子や根茎の断片，土壌微生物，土壌昆虫類等の生物資源が多く含まれているため，整備対象地において既存の表土がある場合は保全・活用することが求められる．

　生物多様性の保全に配慮した緑化を目的として，森林表土を利用した緑化や地域性系統の在来種の草本植生を保全・再生・創出するために表土移植を実施する場合がある．その際は，表土の採取地と整備対象地の生態的な違いや侵略的外来種の種子等が混入していないか留意し，生態系への予測できない負の影響を抑えるために，原則として整備対象地の近傍を候補地とし，植生調査等を実施した上で調達する．表土の採取に当たっても，採取地の自然環境に負の影響を与えないようにしなければならない．

　表土の保管場所では，周辺の外来草本類等の種子の飛散・侵入や埋土種子の死滅等を防止するために適切に管理することが求められる．

（2）石材の導入

　石材を用いることで，生きものの良好な生息環境を形成することができる．例えば，空隙ができるように石材を積むことで，両生爬虫類等の越冬時期の生息環境を形成したり，水辺

に設置することで魚類や鳥類，カメ類，トンボ類などの休息場をつくることができる．人が自然環境にふれあうことを目的とした空間では，人が近づいても生きものが逃避しない距離を保ち，園路動線等から観察が可能な位置に生きものの休息場となるように石材を配置するとよい．

石材の種類は，整備対象地において地域らしさを演出するために対象地やその周辺地域より石材を調達することが望ましい．また，石材の表面の状態はゲンジボタル等の産卵環境を創出することや，水質の浄化等の効果を期待して，石材の表面にコケ類が付着しやすい自然石で，多孔質な石材を用いるのがよく，護岸や景石・川底の石材は，石の間に様々な空隙が生まれるように，大きさが異なる石材を複数取り混ぜると良い．

石積の場合は，昆虫類や草本類が生育・生息できるように空石積を基本とする．

（3）木質系自然素材の導入

自然環境における木質系の自然素材は，倒木や流木，枯木，枯枝，落枝，落葉，朽木等の状態で存在する．これらの素材は自然らしい風景を醸し出すだけではなく，土壌の形成や生きものの生息環境を形成する上で重要なものであり，積極的に活用あるいは導入することが望ましい．

倒木や流木は，河川において淵や魚類の隠れ家（カバー）の環境を形成する役割を持ち，魚類が外敵から身を隠すための環境を形成する．また，水辺において水平方向に倒して設置する場合を考えると，鳥類が止まり木として利用することが期待される．

更に，流木を観察者の視点場を考慮して設置することで，野生の生きものを意図した場所に誘致して，観察者へのディスプレイ効果が期待される[4]．また，枯木等を立てて設置すると，腐朽する過程で昆虫類が生息し，それを採餌するコゲラなどの鳥類が飛来することや，営巣木や止まり木としての機能が期待される．その他にも，倒木や朽木はヤマトタマムシやクワガタ等の幼虫の生息環境となる．

木質系の自然素材の調達に当たっては，山林や雑木林，ダム等で調達することが考えられるが，既存資源を活用することをまずは優先し，他の地域より調達する場合は，採取地の自然環境に負の影響を与えてはならない．また，調達の際には法令を遵守し，土地所有者や施設管理者の承諾を得ること等に十分に配慮することが求められる．

3.4 工事における保全措置

造園施工をする際は，当該工事における生物多様性の保全措置への対応方針を発注者と確認した上で，工事対象地の周辺地域の自然環境特性を踏まえた保全措置を行う．また，保全対象を明確にして，保全対象種の生態を確認する．

当該工事で保全対象種に負の影響が懸念される場合には，回避，最小化，代替案の検討を行い，工事の影響に対する代償措置を講ずる．その際には生態系，種，遺伝子の各レベルにおける多様性の保全に配慮する．

また，保全措置を実施した効果を確認するためにモニタリング調査を行い，保全措置の改善を行う．

【解　説】
(1) 施工計画，仮設計画作成時の配慮事項
　ⅰ．関連法規・計画等の確認と保全対象種の設定
　　工事対象地の自然環境に対する法的規制や計画等を行政協議などを通して確認し，地元で環境活動を行う地域住民や団体の有無を確認する．行政及び地域住民，団体等とは十分な情報交換を行った上で，発注者と該当工事における生物多様性の保全措置への対応方針を確認し，施工計画を作成する．
　ⅱ．工事対象地に生育する植物の保全
　　a．基本方針
　　　対象となる植物の生活史などの生態を十分に把握し，保全対策を検討する．工事により希少植物の生育地が消失するおそれがある場合は，消失の回避を最優先とするが，回避できない場合は影響が最小となるよう努める．やむを得ず代替となる生育地を確保し，移植する場合は，生育環境として適切な場所の選定や整備に努める．
　　　基本的な保全措置のフローを**解説図Ⅲ.3-2**に示す．

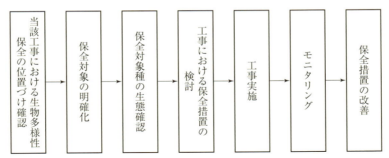

解説図Ⅲ.3-2　工事における保全措置フロー

　　b．保全対象植物の移植
　　　保全対象植物を移植する場合は，対象となる植物の生育地として適切な場所を確保する．その際，対象となる植物が候補地にすでに生育している場合は，環境収容力が限界であることが多いため，移植場所の適正を考慮して選定する．
　　c．代替生育地の確保
　　　代替生育地を新たに整備する必要がある場合は，整備された場所が生育環境として適切に機能することを確認した後に，対象となる植物の移植を行う．また，代替生育地における枯死リスクを回避するために，代替生育地における活着が確実に確認されるまでは代替生育地以外の場所においても対象となる植物を保全・管理する．

ⅲ．工事対象地及び周辺地域に生息する動物の保全

動物に対する工事の影響は対象地だけではなく，周辺地域にも及ぶため，工事対象地及び周辺地域における動物の生息状況を確認し，保全対象となる動物の繁殖及び産卵期等を確認する．動物の行動及び生態は，冬眠，渡り，営巣，繁殖など，四季を通じて変化するため，各々の生態特性に配慮して施工計画を策定する．

工事対象地やその周辺に水系がある場合は，希少な魚類，両生類等の水生生物の繁殖や産卵期において負の影響を与えないように配慮する．特に水量，水質に変化を与えないようにする．

ⅳ．生息地に対する工事車両の騒音や振動対策

工事の際，建設機械の稼働，工事車両の走行により騒音や振動が発生し，生息地への影響が予測される場合には，低騒音・低振動型建設機械の採用や，影響の大きな時期の工事の回避などにより，影響を低減することが望ましい．

ⅴ．夜間工事における誘因性の少ない照明光源の選定，光漏れ防止

照明が生きものの活動や生理に影響を与えるため，施設照明や車のヘッドライトが周辺の生きものに影響を与えないように配慮する．光の漏れる範囲を最小化するために照明の設置位置や設置方法，遮光板や遮光植栽の導入を検討する．

ⅵ．重機や作業員に付着する土壌や種子の移動防止

タイヤ洗浄装置を工事車両出入口に設置し，重機のタイヤに付着した泥に混入する外来種の種子などを落とすようにする．これにより，外来種の侵入だけでなく，在来種がほかの地域に持ち出されたり，ほかの地域から持ち込まれることを防ぐことができる．洗浄装置の底に溜まった泥などは適正に処理する．

作業員の靴底に付着した泥にも外来種の種子などが混入しているため，現場の出入口に泥落としマットを設置し，作業員の移動によって土壌や種子の移動を防止する．

ⅶ．仮設工事における一時的な環境の改変に対する復旧措置

仮設工事においても影響範囲を小さくするように配慮する必要があるが，やむを得ず一時的に環境の改変が行われる場合は，本体工事の土地造形工及び植栽工の考え方に準じた適切な復旧措置を講ずる．

ⅷ．保全措置のモニタリングと改善

生きものの生育・生息状況を予測することは困難であるため，実施した保全措置の効果が得られているかどうか，実施後に一定期間生きもの等のモニタリング調査を行い，効果が確認できない場合は保全措置の改善を行う．

（2）土工事における配慮事項

ⅰ．土地造形工における地形改変の最小化

周辺環境への影響を最小限にするため，盛土と切土のバランスが偏らないように注意し，無理のない運土計画を立てることで地形改変の少ない造成計画とする．

ⅱ．土地造形工における汚濁水等の流出防止

　　工事中の汚濁水の流出は，周辺の河川水質を悪化させ，魚が餌を求めにくくなり，水生植物の成長を妨げ，河床の魚類の卵の発育を阻害する．更にコンクリート養生中に発生する排水によってpH値が高くなることも懸念される．工事に伴ってこれらの濁水などが発生する場合には，浄化施設を設け，浄化処理をしてから水域に流すなど，排水が直接周辺水域に流入しないようにして，水質汚濁や土砂流出等の影響を少なくする．

（3）施設工事における配慮事項

ⅰ．野生動物の移動経路の確保

　　道路等の設置により野生動物の生息環境の場を分断する恐れがある場合は，交通事故を防ぐために道路への侵入防止柵などを設置した上で盛土区間では道路下に通路を確保し，移動路を確保する．移動路には，必要に応じて誘導のための植栽や隠れ場所を設け，安全に横断できるように工夫する．

　　舗装幅員が広くなる部分では小動物が渡り切れない場合があるため，轍部分のみの舗装とした上で，中間には緑地を設けることが望ましい．

　　段差解消のための土留めや擁壁工では，小動物の移動経路の確保や生息空間となる空石積や，木製土留めなどの自然素材，多孔質素材を選択することが望ましい．

　　鳥類や飛翔性の昆虫類は，道路等を横断するときに十分な飛行高度が確保されないと走行する車両に衝突することがあるため，道路等の周辺に高木を植栽する．また，側溝などに小動物が落下すると脱出できずに死亡するため，落ちた小動物が這い上がれるように側溝を工夫する．

ⅱ．雨水浸透・保水機能の確保による水環境の保全

　　舗装素材の選択では，水循環を健全に保つために雨水を地盤面に浸透させる浸透性舗装や保水性舗装を選択することが望ましい．

　　雨水排水設備工は，雨水を地盤面に浸透させるタイプを用いて地域の水循環を健全に保つことが望ましい．また，雨水流出抑制の観点からも貯留機能と浸透機能を合わせて確保することが望ましい．雨水浸透に当たっては，水質の確保を十分に考慮し，コンクリートの使用による水質のアルカリ化や融雪剤の塩害，車両通行によるゴミや油分混入等に対する水質浄化対策を実施する．

3.5　樹林環境の形成

　樹林環境の形成に当たっては，目標とする樹林像を明確にした上で整備しなければならない．目標とする樹林像は，対象地及び周辺地域の気候や地形，水系，植生等の自然的条件，整備後の樹木の成長や遷移などの経年変化，地域におけるこれまでの人と自然との関わりを踏まえて設定する．

　また，遺伝子の攪乱等の生態系への負の影響を抑えるために，整備対象地周辺において

地域性系統の在来種の種子や埋土種子が含まれる表土を調達できる場合は，優先して用いることが望ましい．

【解　説】
（1）樹林の特性
　我が国では，気温と降水量に対応した植生が基本的には形成されており，高山帯域（高山草原とハイマツ帯），コケモモ―トウヒクラス域（亜高山針葉樹林域），ブナクラス域（落葉広葉樹林域），ヤブツバキクラス域（常緑広葉樹林域）の各クラス域に大別され，立地ごとに特有の樹林が成立している．

　植生は，一般的に裸地から草地，低木林，高木林へと遷移する．更に高木林の中での遷移は，関東平野の臨海部を例にすると，一般的に，当初は先駆性樹種であるアカメガシワやイイギリ等の落葉樹林が成立し，その後に，極相林であるタブノキやスダジイ等の常緑樹林へと遷移が進む．

　人為の関わりの度合いから見た植生の区分は，伐採などの人為的な影響を受けずに成立している「自然林」，自然林が伐採や火入れによって消失したあとに成立する「二次林」，木材生産を主目的として植林された「人工林」等となる．また，人々の営みと自然との関わりから「薪炭林」「屋敷林」「防風林」「鎮守の森」などと呼ばれる樹林が都市や農村等に見られる．

　このように樹林の状態は様々であり，生物多様性の保全を考慮した樹林環境の形成に当たっては，自然的条件や樹木の成長，遷移等の経年変化，人と自然のこれまでの関わりを考慮して，目標とする樹林像を整備直後から将来までを含めて明らかにした上で実施することが求められる．

（2）樹林のハビタット機能
　樹林は様々な生きものの生育・生息環境（ハビタット）であり，休息や採餌，営巣等の場として利用されている．都市や農村，里山等の樹林を生息地としている生きものでは，ホンドタヌキやニホンリス等の哺乳類，オオタカやツミ等の猛禽類，コゲラやシジュウカラ，メジロ，ウグイス等の小型の森林性鳥類によって利用されている．また，昆虫類では，カブトムシ，クワガタ類，カミキリムシ類，国蝶オオムラサキ等の森林性のチョウ類，土壌動物等によって利用されている．

　これらの生きものの生息環境の保全・再生・創出に当たっては，営巣，産卵，採餌，休息，越冬などの生態的特性を踏まえて，樹林の面積規模，樹林の階層構造，密度，樹種，樹林とともに必要となる草地や水辺等の環境を考慮する必要がある．

　例えば，オオムラサキの場合，夏にエノキ類の葉に卵が産み付けられ，幼虫はエノキ類を食樹する．ふ化した幼虫はエノキ類の地際に近い落葉の裏面に密着して越冬する．成虫は，草地を飛翔し，主としてクヌギやコナラなどの樹液を餌とする．

　このように，オオムラサキの生息環境を考慮した場合，産卵や食樹のためのエノキ類，越冬のための踏圧の影響のない落葉が堆積した地表面，成虫の餌場となるクヌギやコナラの樹

林,飛翔空間の草地が必要となる.樹林環境の形成に当たっては,生きものの生活サイクルを把握し,それらの一連の生活が成立可能な環境整備が求められる.

(3) 樹林環境の整備

樹林環境の整備は,既存樹林の保全・再生や失われた樹林の再生,埋立地や人工地盤上などにおける新たな樹林の創出に大きく分けられる.

樹林環境の整備では,遺伝子の攪乱等の生態系への負の影響を抑えるために,地域性種苗の利用や自然林等の既存樹木等を移植して活用する工法を用いることが望ましい.失われた樹林の再生,埋立地や人工地盤上などにおける新たな樹林の創出に当たっては,以下の手法が考えられる(**解説表Ⅲ.3-2参照**).

解説表Ⅲ.3-2 生物多様性の保全に配慮した樹林環境の形成手法

種別	手法
地域性系統の種子や苗木の利用	種子等の自然侵入促進 ・自然侵入促進工
	表土の利用 ・森林表土利用工 ・表土ブロック移植
	地域性苗木の植栽
既存樹木等の移植・活用	高中低木移植
	根株移植
	挿し木
生産樹木等の植栽	成木・苗木の植栽

i. 地域性系統の種子や苗木の利用

現地の地域性系統の苗木や種子等を活用した樹林形成は,遺伝子の攪乱や非意図的な外来生物の持ち込みの恐れがないため優れた樹林形成手法であり,積極的に用いることが望ましい.

しかし,活用に当たっては,種子の供給源である対象地及び周辺地域の植生の状態を把握することが重要となるため,植生や土地の履歴を十分に調査した上で工法の検討を行う必要がある.

a. 種子等の自然侵入促進

早期緑化の必要性が低い場合で,整備対象地の周辺に自然林や二次林等があり,鳥散布や風散布等により種子の供給が十分に期待できる場合は,植栽基盤のみを整備し,植物の種子等が自然に侵入して植生が遷移することに期待する緑化手法の導入が考えられる.法面緑化においては,自然侵入促進工[5]の名称で植生工として用いられている.

一方,都市等において整備対象地及び周辺地域に鳥散布のトウネズミモチ等の外来種が生育する場合や風散布のキク科等の外来種が生育する場合は,整備対象地にこれらの

種子が侵入する恐れが高いため，周辺の自然環境の調査を十分に実施した上で工法の検討を行う必要がある．

b．表土の利用

整備対象地において森林表土を活用できる場合は，表土に含まれる埋土種子等を活用した緑化工法の導入が考えられる．法面緑化においては，森林表土利用工[6]の名称で植生工として用いられている．また，表土に含まれる植物の根，種子，土壌動物，土壌微生物を腐食に富む表土とともに移植する表土ブロック移植[7]が行われている．

森林表土を用いて緑化した場合，当初，一般的にヌルデやクマノミズキ等の先駆性樹木が優占する植生となるため，これらの遷移の特性を考慮して，目標とする樹林像と照らし合わせた上で工法を検討する必要がある．

なお，表土の導入に当たっての留意事項等は「**3.3 自然素材の導入**」を参照し，表土の撒き出しや植生表土移植による草地環境の形成に関する内容は「**3.6 草地環境の形成**」を参照すること．

c．地域性苗木の植栽

施工以前に整備対象地又は周辺地域の自然林から種子を採取し，実生苗を計画的に生産が可能な場合は，地域性苗木の植栽による樹林形成が考えられる．種子の採取に当たっては，毎年安定して結実しないものや，発芽に1年以上を要する樹種があること，種子を採取できる結実期が限られていることから，種子の採取及び生産計画を立てる必要がある．

種子の採取及び生産計画では，樹種，数量，高さ（H）等の目標規格，採取地，採取方法，採取時期，生産地，生産体制等を検討する．

ⅱ．既存樹木等の移植・活用

整備対象地において自然林や二次林などに自生している既存樹木が生育している場合で，やむを得ず除却する必要がある場合は，代替措置として積極的に移植・活用する．また，伐採等を実施しなければならない場合は，表土とともに根株を重機で移植する根株移植[8]や，伐採予定木の幹を用いて挿し木することにより代替地において樹林形成を図る．

これらの工法は，苗圃の生産樹木等を用いた樹林形成と比較して，整備対象地や周辺地域における遺伝子の攪乱を引き起こす恐れが少ないため好ましい．

ⅲ．生産樹木等の植栽

苗圃により樹木等を調達する場合は 3.2「**（2）植物の導入**」を参照のこと．

（4）樹林管理

既存樹林を保全・再生するためには，目標とする具体的な植生，生育・生息する生きものを明らかにして，それらの生態的特徴を踏まえた環境管理を行う必要がある．管理は，長期管理と1～3年程度の中短期管理に分けて計画し，管理と動植物のモニタリング調査を合わせて実施する必要がある．管理の結果得られた成果をモニタリング調査によって把握・評価し，管理計画の見直しを行う一連のサイクルを継続する順応的管理が重要である．

管理の実施に当たっては，後に管理内容を見直すためにも管理履歴を把握することが重要である．管理履歴は管理内容，場所，時期，管理の実施前後の写真記録があることが望ましい．

ⅰ．高木剪定

　生物多様性の保全を目的とした高木剪定は，良好な景観形成や支障木管理の目的に加えて，林内に光を取り入れることにより，埋土種子の発芽促進，林内の光環境の改善の目的がある．

　高木の枝葉は，鳥類の休息環境や止まり木として機能したり，樹林内への直射日光や風の影響を緩和することでチョウ類やトンボ類の休息環境として機能したりすることから，必要以上に剪定することは好ましくない．

　高木を剪定するに当たっては，自然樹形を心がけ，刈込みではなく，枝抜剪定を基本とする（Ⅱ部3.1「（2）剪定の種類」参照）．

ⅱ．林内除草，草刈

　生物多様性の保全を目的とした林内の除草は，良好な景観形成の目的に加えて，外来種の駆除や林床の低茎草本類の育成等を目的としている．外来種の駆除を行うための林内除草では，特定の種のみを対象とした選択的除草を行うことが好ましい．

　特に整備後には，外来の高茎草本である，オオブタクサ，セイタカアワダチソウ等が繁茂することがあるため，整備直後には選択的に除草することが望ましい．また，日当たりの良い立地においてクズが繁茂した場合は，植生遷移が停止する「偏向遷移」に至る恐れがあるため，遷移を促す場合は駆除することが望ましい．

ⅲ．剪定枝，落葉，枯木の処理

　剪定枝や落葉は，土壌の形成や生きものの生息環境を形成する上で重要なものであり，場外処分は行わず，積極的に場内において昆虫類のすみかとなる「エコスタック」や土留め，木階段，堆肥化等により活用することが望ましい．エコスタック等の工作物の設置に当たっては，景観を考慮し，素材の大きさを揃えて見栄え良く設置するとよい．また，雑木林等では，落葉が堆積することで林内が富栄養化し，キンラン等の希少な草本類の生育を阻害する場合もあるため，落葉かき等の管理内容を検討する必要がある．

　枯木は，コゲラの営巣木となることや昆虫類の生息環境となるため安全性に配慮し，残置することが望ましい．

　木質系の自然素材の特徴は3.3「（3）木質系自然素材の導入」を参照のこと．

ⅳ．中長期管理

　日常的な管理に加えて，中長期段階及び臨時的に対応する管理には，間伐，下刈り，補植等がある．生物多様性の保全に配慮した管理では，保全及び誘致目標とする植物や哺乳類，鳥類，昆虫類等の生態を踏まえて，樹木密度や階層ごとの植被率，草本類等の植生の高さ，林内の光環境等の目標を定め，目標環境に照らし合わせて管理内容を検討する必要がある．

3.6 草地環境の形成

草地環境の整備に際しては，長い年月をかけて培われてきた表土を含む現地付近の既存の草地を常に意識し，施工に向けて調査・計画段階からの検討を行う．整備予定地の面積や工期に配慮しながらも必ず現地踏査による周辺の植生や生物相の把握を行い，整備すべき草地環境の姿像を明確にする．

都市などにおいて，生物多様性の保全を目途として既存の草地環境を確保する際，外来種の高茎草本などの過繁茂，草本構成種の単純化，裸地化，あるいは木本類の侵入により藪化するなどにより変容を防ぎ，目標とする草地環境を育成し保全するために，人為による維持管理作業が必要となる．この場合，生物の多様な生息環境の確保を目的として，草本植物の種類や草丈，石や木材（粗朶等）など，モザイク状に様々な環境を形成していくことが望ましい．

なお，この節では，原野や農牧等に利用される牧野ではなく，主として都市における生物多様性の保全に資するための草地を対象とする．

【解　説】
(1) 草地環境の整備

近年，急激な緑の減少傾向が都市部を中心に緩和しつつある中で，草地の減少も著しい．特に都市では身近な草地が失われ，子どもなどが日常生活の中で触れるべき草地性の生物の生命や自然現象にふれる機会がなくなっている．一方，一般には「草＝雑草」と呼ぶ農耕中心であった時代の意識が根強い．このことにより，草地環境の劣化や消滅の危機は続くと考えられ，都市への草地整備が必要である．

草地環境を確保するための方向性として，以下の三つがある．
① 既存の草地を保全する
② 失われた草地を復元する
③ 新たに創出する

このうち，①の既存の草地を保全することが最も重要である．また，整備の手法として，以下の方法が考えられる．

ⅰ．既存草地の保全を目途とした整備
　「(2) **草地環境の維持管理**」を参照のこと．

ⅱ．種子の採り播き
　現地又は周辺の草地環境に生育する草本類の種子を採取し，主として採り播きにより草地の形成を促す手法である．淡路島での採り播きによる草地再生の例[9]では，観察学習を兼ねて1年間に1回，1 m^2 当たり4人で1時間の作業でヤマハッカ，ウツボグサ，チガヤ，ススキなど13種の定着が確認されている．植物の地域的な遺伝的多様性から，こうして現地において種子採取の取り組みを積極的に行うことが望ましい．一方，イタドリ，

ヨモギなどの流通・販売されている種子を利用した草地環境の整備については，その種子の産地が不明確で，外国産の種子を用いた「外国産在来種」であることが多いことから疑問視されており，生物多様性の観点からは適切な手法とは言えない．

ⅲ．表土の撒き出し

生物の地域的な遺伝的多様性に配慮し，現地又はごく周辺における草地環境の土壌を保全して活用する方法である．表土リサイクル工や埋土種子再生工などとも呼ばれる．例えば，宅地化等による造成などが農耕地や遊休地において予定されているなど，利用できる表土が見込まれる場合が対象であり，表土撒き出しのために新たに表土を求めてはならない．

採取先では地際まで草刈りを行った後，刈り草や落葉などの有機物及びガラをできるだけ排除し，重機又は人力で耕耘した表土（厚さ約 5〜20 cm）[10] を整備予定地に敷設する．敷設厚は設計値で 3〜15 cm 程度などとし，流亡しない程度に軽く転圧後，マルチングを行うこともある．

必要量の表土が入手できない場合，少量を限定的に整備予定地に撒く．この場合でも，限定的な効果は期待できる．

ⅳ．植生表土移植

植生盤移植や植生マット移植，表土移植，表土ブロック移植などと言われることもある．生育する植物の地上部及び地下部ごとに，表土を剥ぎ取って移植する．利用できる植生表土が場内又はごく近隣に存在する場合にのみ用いる．

通常，地際まで草を刈り，そのまま重機又は人力で根茎ごと約 30〜150 cm の幅で，厚さ約 5〜15 cm の植生表土をマット状態で剥ぎ取り，小運搬する．比較的労力がかからずに剥ぎ取りが行える場合もあるが，整備面積が大きくなると剥ぎ取り手間や表土の確保が困難である．このため整備予定地の一部への限定的な導入により，時間をかけて草地環境が形成されることを期待する場合もある．

このほか，地域の在来種等をマット状に育成するなどの製品が少数流通し，今後の製品開発が期待されるが，草地環境における生物の遺伝的多様性への配慮から，現時点では閉鎖空間への商用利用など限られた使い方にならざるを得ないと考えられる．

植生表土移植は，表土の空間構造ごと移植するため，土中や地表の生物を含めた草地環境が早期に形成することが期待できる反面，地域外からの病原体を含む動植物の移入などの課題があり，形成しようとする草地環境の姿像に応じて採否を検討する必要がある．

（2）草地環境の維持管理

生物多様性の保全を目標とする際の維持管理作業の内容として，主に下記の作業や考え方がある．

ⅰ．選択除草

手刈り除草，手抜き（手取り）除草を基本とする．都市などにおける生物多様性を重視した草地環境の管理において人力による除草は欠かせず，熟練した監督者のもとで高茎と

なる草本植物や成長の早いつる植物などを確認しながら選択的に除草する．種類を判断するための技術が必要な一方，除草量が減少するため歩掛りが低くなる[11]．なお，**解説表Ⅲ.3-3**などが除草の対象種となる．

解説表Ⅲ.3-3　小空間の草地環境における選択除草植物の例

ネズミムギ，エノコログサ，アキノエノコログサ，メヒシバ，イヌビエ，カヤツリグサ，チャガヤツリ，ドクダミ，ナガバギシギシ，イヌタデ，シロザ，ヨウシュヤマゴボウ，オランダミミナグサ，ヤハズソウ，クズ，カラスノエンドウ，スズメノエンドウ，カタバミ，コニシキソウ，メマツヨイグサ，イヌホオズキ，オオイヌノフグリ，ヘクソカズラ，ハルジオン，ヒメジョオン，ヒメムカシヨモギ，セイヨウタンポポ，セイタカアワダチソウ

選択除草は，種を選んで除草作業を行うので，作業後でもさっぱりとした状態は期待できない．作業直後の雑然とした見栄えは数日で落ち着いてくるが，地域住民や施設管理者との十分な意思疎通が必要である（ⅲ．参照）．

ⅱ．普通除草

ⅰ．の手刈り除草と合わせて行うもので，主に原動機付き両手ハンドル式刈払機を用い，自走式刈払機は通常は用いない．

ハンドル式刈払機は，従来から低価格で軽量な2サイクル原動機式が使われているが，騒音と排気ガスの少ない4サイクル原動機式が望ましい．メンテナンスや使い勝手は，4サイクル式の方が楽である．回転刃は金属製の刃とナイロン製の紐刃が主流で，ナイロン製の紐刃は軽くて安全性が高いが，混在する木本植物や，小指程度の太さ以上の草本植物は刈り難いため，金属製の刃との使い分けを行う．

生物多様性の保全や表土保全に配慮し，根こそぎの除草を行うことなく（**解説写真Ⅲ.3-1**），地表約10～30 cmの高刈りに留めることが必要である．

解説写真Ⅲ.3-1　望ましくない根こそぎ除草の例

iii. 様々な草丈による植物種の確保

草刈りを行う場合などは，生物の多様な生息環境を確保するために，様々な草丈になるように管理する．例えば，**解説写真Ⅲ.3-2**はノシバを含む草地環境で三段階の刈高を設定した例であり，それぞれの環境で異なった生物が生息している．バッタ類を例にすると，大都市の草地でも，草丈の違いによって**解説図Ⅲ.3-3**のように生息種が分かれる傾向がある．

優占しやすいイネ科草本やキク科草本，マメ科草本などについては過繁茂を抑制し，多くの草本植物種が生育する環境を形成していくことが望ましい．

草丈を一定にしないことにより，生物の多様な生息空間の確保に貢献できる一方，見方によってはトラ刈り状態に見えるため，周辺住民等の理解を十分に得ることが重要である．

解説写真Ⅲ.3-2　刈高を三段階に分けた例

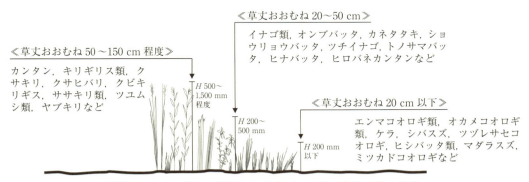

解説図Ⅲ.3-3　都市の草地におけるバッタ類の生息と草丈の違い

iv. 刈り草の活用

従来，場外搬出して焼却処分してきた刈り草は，可能な場合は現地での場内処理を検討することが望ましい．近年，堆肥化や裁断，ペレット化，炭化などの取り組みが行われて

おり，それに合わせ，刈り草の一部を草刈り後の養生材として現地に残置したり，生物の生息空間として場内に集積することも行われている．

しかし，刈り草の残置が美観上問題とされることから，地域住民や施設管理者等と十分に意思疎通を図ることが重要である．また，草の量や種類によっては低茎草本植物の生育阻害の要因になったり，放置された草から新たな世代が繁殖したりするなども考えられる．

ⅴ．農薬等の使用について

生物多様性の保全を目的とした草地環境の維持管理において，除草剤をはじめ殺虫剤，殺菌剤，殺鼠剤等の登録農薬の使用が起こり得る．しかし，生物多様性の保全に配慮し，食酢などの特定農薬を含め，いかなる状況下においても農薬は使用してはならない．また，電光の明滅やスペクトル，音波，電流，集合フェロモン剤等を応用した誘因・忌避装置など，生物の生息や繁殖に影響を及ぼすものは使用しない．

3.7 水辺環境の形成

水辺環境の整備に当たっては，立地の環境ポテンシャルを良く読み取った上であるべき水辺の姿を検討する．水辺環境の姿は，地域にある水辺をモデルにすることが望ましく，模すべき水辺の種類や形態，要素に加えて，その背後にある人と地域の水辺環境の関わりや，人と水辺の生きものとの関わりまで含めて検討することが望ましい．

【解　説】

(1) 水辺環境の特性

水辺環境の特性としては，その状態により生態的意義が大きく異なる点があげられる．す

解説表Ⅲ.3-4　水辺環境の主な類型

汽水・海水域	淡水域		
汽水域		自然水域	人工水域
・干潟 ・潟湖 ・河口域	流水域	・河川 ・流れ（細流）	・用水路※ ・疎水 ・運河
海水域 ・海浜 ・磯 ・港湾	止水域	・湖沼 ・湿原 ・湧水湿地 ・ワンド（入り江）	・水田※ ・溜め池(※) ・池(※) ・クリーク（堀割）(※) ・ダム湖

＊ 無印は恒常水域，※は定期的に水が落とされる一時水域（括弧付は数年〜数十年間隔）

なわち，汽水・海水域と淡水域，流水域と止水域，自然水域と人工水域，恒常水域と一時水域等であり（**解説表Ⅲ.3-4**），各状態に応じて生育・生息可能な生物相が異なってくる．なお，自然水域は干潮や風雨等による動的な性質を本質とするのに対し，人工水域は人為制御可能な水域である．

また，陸域と接する部位にはエコトーン（移行帯）が必然的に生じることや，波浪や流水による浸食・堆積作用及び増水による植生破壊等の時間軸上の変化が生じることも水辺環境の大きな特徴である．更に，水系が対象地の中で完結することはまれであり，多くの場合は対象地の含まれる集水域との水系に沿った物質・生物の移出入を想定する必要がある．

一方，我が国では主に治水・利水のために，水系や水辺環境を大幅に改造あるいは創出してきた歴史的経緯がある（例えば水田，溜め池，用水路等）．これらは人工水域ではあるものの，多くの水辺の生きものの生育・生息を可能としてきた．この人工と自然がある程度調和した水辺の景（風景）あるいは系（生態系）は，農村の田園という国民的原風景に昇華され，水辺の生きものも含めた親和性のある水辺環境と認識されている点は留意すべきである．

（2）水辺のハビタット機能

我が国の水辺環境には様々な動植物が生育・生息あるいは利用している．この理由として以下の3点があげられる．

ⅰ．エコトーンの形成により狭い範囲に多様な地形（水深）・水分・攪乱条件の異なる空間が密に配置され，それぞれの環境条件に応じた植生が成立する

一般に水域の深部から順に沈水植物，浮葉植物，抽水植物が生育し，浮遊植物は水深を選ばずに生育する（**解説図Ⅲ.3-4**）．また，陸域にかけても土壌水分が過湿な場所には湿生植物が生育し，普段は陸域であるが増水時（高水位）に冠水する場所に，冠水草原やヤナギ類・ハンノキ等の水辺林がある．

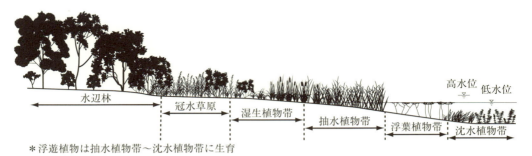

解説図Ⅲ.3-4　湖沼を例にした水辺のエコトーンに成立する植生帯[12]

ⅱ．生活史の全てあるいは一部（繁殖期・幼生期等）に水域を必要とする動物種が多い

魚類は一生のほぼ全てを水域で過ごし，両生類は水辺に産卵して幼生期を水域で過ごす．爬虫類ではウミヘビ類・ウミガメ類は海域に依存し，淡水カメ類も水辺を主な生息空

間にしているものが多い．水辺を繁殖，営巣，育雛空間とする鳥類のほか，水場として全ての野生鳥獣が水辺を利用する．更に，水生昆虫類（トンボ・アメンボ・ゲンゴロウ・ユスリカ等）や甲殻類（エビ・カニ等）に代表される節足動物のほか，軟体動物（カワニナ等），扁平動物（ウズムシ等），環形動物（エラミミズ等）といった無脊椎動物も水辺には極めて豊富に生息する．そして，これら豊富な生物相に惹かれて多くの食肉性動物が採餌空間として水辺環境を利用している．

ⅲ．動物の生息における植物（植生）との生物間相互作用に多様性・特異性がある

まず，水辺における植生と動物の関わりである．例えば，水辺に張り出す樹木が魚類を寄せつけることは「魚つき林」として昔から知られてきた．また，沈水植物や抽水・浮葉植物の植物体は，水中において水生昆虫の生活空間を立体的に提供するのみならず，魚類，水生昆虫類，貝類等の産卵基質となっている．特にこれらの障害物となる植物体の多い浅い水域は，餌の豊富さに加えて捕食者からの逃避のしやすさもあり，稚魚の生息空間として重要なスペースとなっている．

次に，生きものの生息における水辺と周辺の植生の関わりである．例えば多くの両生類は変態・上陸後は草原あるいは樹林環境で生活するため，その生息には移動可能な範囲にそれら水辺以外のハビタットの存在が求められる．ほかにも水辺環境だけでは生活史を完結できない動物には，水鳥を始めイシガメ，アカテガニ，トンボ類，ゲンジボタル等があげられ，その保全には各生活史ステージに必要なハビタットが水辺の周囲に配置されている必要がある．

（3）水辺環境形成の基本方針

立地の環境ポテンシャルを良く読み取った上で，形成する水辺環境の姿を検討することが重要である．

ⅰ．環境ポテンシャルの読み取り

水辺環境の形成に当たっては，地下水位が相対的に高い湿性地の立地の場合，現行の水辺環境を改良する「修復型」，あるいはかつて存在したものを改めてつくる「復元型」の水辺環境形成が想定される．その際，特に自然水域においては，季節的な水位変動や増水による攪乱等を自然のメカニズムに沿わせるように努めることが望まれる．

一方，地下水位が相対的に低い乾性地の立地や人工地盤の場合，新たにつくり出す形となる「創出型」の水辺環境形成となる．この創出型においては，水源確保や漏水防止等に相当のコストが見込まれるため，その場所に水辺環境を形成しなければならない意義や必然性をよく吟味する必要がある．

ⅱ．形成する水辺環境の姿

形成する水辺環境の姿については，地域にある水辺をモデルにすることが望ましく，模すべき水辺環境の種類や形態，要素に加えて，その背後にある人と地域の水辺環境の関わりや人と水辺の生きものとの関わりまで含めて検討する．また，水量や水温・水質によって生息可能な生きものに制約がかかるため，導入する水源の状況に即して，形成する水辺

環境の姿を検討する必要がある．

　水辺環境形成における生物多様性の保全のためには，汀線の平面形状を複雑にするとともに，できるだけエコトーンの幅を確保し，水深や流速等に応じた多様な条件のハビタットを形成することが望ましい．エコトーンの形成に十分な幅が確保できない場合も，階段状の水際にするなどして先の多様な条件のハビタット形成に努めるようにする．また，流水域の場合は，縦断面方向にも流れの蛇行形状に応じて平瀬・早瀬・淵・ワンド等の多様な形態が配置されるようにすることが望ましい．

　使用資材については，規格品ではない石や木竹材等の自然素材を積極的に用いることで，生きものが入り込める隙間（裂け目）や多孔質な空間を多く生じさせるようにする．構造上コンクリート系資材を用いる場合も，空隙・穴・表面凸凹等のある生物配慮型の製品を可能な限り使用する．同様に，構造上垂直に近い擁壁や段差を連続させざるを得ない場合は，動物が行き来できる階段やスロープを適切な間隔で配置する．

　なお，一般に地下水は溶存酸素量が著しく低いため，地下水を水源に用いる場合には，流れに爆気用の小落差を複数設置する等，その改善に努める必要がある．

（4）水辺環境の形成手法

　水辺環境の形成には水域が形成されなければならず，立地の地下水位や水位変動パターンの状況に即したものにする必要がある．一方，乾性立地に水辺環境を創出する場合は，漏水への対処が求められる．漏水防止方法としては，鉱物系資材（モルタル・セメント，ベントナイト等）や高分子系資材の防水シート，荒木田土等を用いるのが一般的である．水床の仕上げについては，上記の資材の上に覆土するか，あるいは礫や砂等を敷設する．強度の流水や波浪が想定される場合は，根固工や水制工を施すが，その際には可能な限り伝統的河川工法を応用する．また，水面上に出る杭や竿，石等を景観のアクセントになるように配置し，鳥類やトンボ類の休息場となるようにする．

　水際の処理については，護岸の浸食や崩壊が生じないように十分な対応が求められる一方，構造上の安定性を確保しつつ，可能な限り生きものの生育・生息に配慮した形状や資材を採用する．

　例えば，目地止めをしない石積（捨石や石組・石垣），木竹材による粗朶や編み垣，石詰めした竹製のじゃかごや金網製のふとんかご，不織布（ヤシ殻等の天然繊維や吸出しマット等の高分子系の人造繊維等），更に植物の根系による緊縛も組み合わせて護岸の安定化を図るようにする．また，コンクリート製品でも法枠工，魚類の産卵巣穴ブロック，ホタルやカワセミ用の護岸ブロック等，多自然型あるいは生物配慮型の製品・工法の使用が考えられる．

　そして，上記の水際の護岸の安定化を図った上で，可能な限り覆土して植生の成立に努めるとともに，図面上では表現されないような小さな地形の凸凹を施工段階で設けて，水分条件の異なる多様な植生の成立を図ることが望ましい．

（5）水辺の管理

　水辺の管理においては，植生管理が重要となる．これは植生遷移に伴う植物の繁茂により，水辺の状態が変化しやすいためである．

　休耕田のような浅い止水域を例に取ると，高い攪乱頻度では低茎の一年草を主とする水田雑草群落となるが，攪乱の頻度や強度の低下に伴いチゴザサ等の中茎の多年草群落，ヨシ・ガマ等の高茎の多年草群落，ヤナギ・ハンノキ等の湿性林へと遷移が進む．特に開放水面が大型の植物により著しく被覆されると，陽光の水面を好む動物の生息に対して負の影響が生じる．このため，草刈り等の通常の植生管理により開放水面の確保に努める（遷移の抑制）のみならず，一定期間（数年～10年間隔程度）ごとに進行した遷移を補正するための大掛かりな除草・除伐・掘取り等の実施（遷移の引戻し）も必要となる．同様に浮葉・沈水植物や藻類が繁茂しすぎた場合も，水面下の水生生物の生活空間が確保されなくなるため，必要に応じて除去（藻狩り）を行う．

　また，環境形成のための施工時には，地域性系統に配慮した在来種の植栽や植生マット（3.6（1）「ⅳ．**植生表土移植**」参照）の敷設，表土移植等により，初期植生の早期成立を図る（遷移の促進）場合が多いが，これらの遷移の促進・抑制・引戻しの植生管理は，時間経過に伴う植物の繁茂状況に応じて順応的に行う．

　時間経過に伴い流入土砂や枯死植物体等により堆積物が増加すると，長期的には水域の陸化に結びつく．このため，定期的に堆積物の除去作業が必要となるが，その際には生きものの生活史に配慮した作業時期（繁殖シーズンを避ける等）や作業工程（除去する堆積物を半日程水辺付近に置くことで堆積物中にいる水生生物の逃避を促す等）の計画を組む．堆積物の増加により富栄養化が進むと，特に止水域では嫌気的な状態になりやすく，水辺の生きものに著しく負の影響を及ぼすため，水質保全の視点からも堆積物や植生の管理が必要となる．

　水辺環境は人間活動の影響を多く受けており，外来種が侵入・定着しやすい脆弱性を有している．このため，特に侵略的外来種への対応として，選択的な除草・除伐あるいは駆除を継続して行う必要がある．これらの植生管理においては，防除対象となる特定の植物を識別できる専門性が求められる．水生生物の場合は，水を落としての捕獲により，ある程度の駆除や密度調整は可能である．ただし，必ずしも防除技術が確立していないものも少なくなく，各地の実践事例の情報収集に努めるとともに，地域の実情に合わせて無理のない防除計画を立てることが望ましい．

Ⅲ部3章　参考文献

1)　鷲谷いづみ（1999）：新・生態学への招待 生物保全の生態学：共立出版
2)　一ノ瀬友博（2010）：都市におけるエコロジカルネットワークのあり方：都市計画59（5）287号，日本都市計画学会，38-41

3) 環境省 Web サイト：特定外来生物等一覧：〈http://www.env.go.jp/nature/intro/1outline/list/〉，最終更新 2014 年 8 月 1 日，2015.3.1 閲覧
4) 八色宏昌（2013）：流木―生きもの技術ノート No.77：ランドスケープ研究 76（4），日本造園学会，385
5) 日本道路協会編集（2009）：道路土工―切土工・斜面安定工指針（平成 21 年度版），日本道路協会，丸善出版，261
6) 前出 5），260
7) 亀山章監修（2006）：生物多様性緑化ハンドブック―豊かな環境と生態系を保全・創出するための計画と技術（小林達明・倉本宣編集）：地人書館，201
8) 前出 7），216
9) 澤田佳宏（2013）：外来種で緑化された造成斜面における半自然草原の再生～年間わずか 12 時間の作業でおこなう"小さな自然再生"～：第 6 回兵庫県立大学シンポジウム（神戸市産業振興センター）
10) 梅原徹・永野正弘・麻生順子（1983）：森林表土のまきだしによる先駆植生の回復法：緑化工技術 9（3），日本緑化工研究会，1-8
11) 三浦寿幸・岩崎哲也・宮本徹・浦田裕司・栗木茂・篠崎徹・八十島治典・小山大介・神野兼次（2006）：屋上ビオトープに関する研究その 2―施工後 3 年間のモニタリングと維持管理に関する調査：戸田建設技術研究報告 32，戸田建設，1-8
12) 新井恵璃子（2015）：作図

4章 温熱環境の緩和

4.1 緑による温熱環境緩和

都市の温熱環境を緩和するためには，植物の形態や植物生理を踏まえて，高木等の植物により日射遮蔽，潜熱変換を促し，熱エネルギーの蓄積を減少させ，大地，建物内への熱伝導を減少させることが望ましい．

【解　説】

植物や緑地の効果は種々言われているが，都市全体に対する効果と，建築物自体に対する効果，その空間に入り利用する人に対する効果に分けられる．ここでは，都市全体の温熱環境改善に関連する効果と，人に対する熱的効果について解説する（**解説図Ⅲ.4-1 参照**）．

（1）温熱環境緩和作用において使用する用語

ⅰ．短波放射・長波放射

地球の地表面に出入りする放射のうち，およそ $3\mu m$ を境に短波放射（$0.15 \sim 3\mu m$）と長波放射（$3 \sim 100\mu m$）に分けられる．短波放射は近紫外線・可視光線・近赤外線であり，太陽放射とも呼ばれる．長波放射は遠赤外線であり，大気放射とも呼ばれる．全ての物体は絶対零度（$-273.15℃$）以上の温度であれば必ず電磁波（長波・赤外線）を放射する．

ⅱ．顕熱・潜熱

顕熱は，物体（道路面，建築表面，緑化表面等）に接する空気を熱する熱である．

潜熱は，植物や水面・土壌表面からの蒸発散で，水が水蒸気になるとき（相変化）使われる熱で，接する空気を熱することはない．

ⅲ．熱伝導・蓄熱

太陽放射により熱せられた物体（道路面，建築表面等）はその熱を長波放射，顕熱，熱伝導で移動させる．物体内を熱伝導で熱が移動するが，その熱は蓄え（蓄熱）られる．昼間に蓄えられた蓄熱は，熱伝導で夜間に表面に移動し表面から長波放射，顕熱として放射される．

（2）植物による温熱環境改善

ⅰ．日射遮蔽

植物の葉が太陽光を遮ることで，その下部に届く太陽光エネルギーを大幅にカットする．カットしたエネルギーの大半は次項の潜熱に変換されるため，長波の再放射（輻射），顕熱放射，伝導熱，蓄熱は僅かとなる．

4 章　温熱環境の緩和

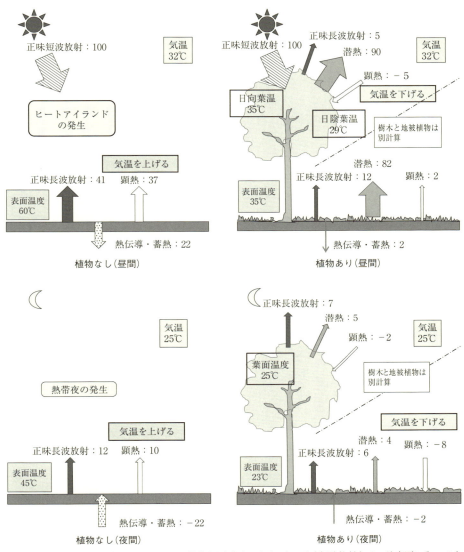

＊数値は，太陽起源の放射量を100とした数値（ごく大まかなもの）．正味短波放射とは，地表面に入ってくる太陽光と反射光として出て行く量の差で表示している．正味長波放射とは，地表面に入ってくる長波量と出て行く長波量の差で表示している．長波放射は気温を上昇させず，顕熱が気温を上昇させている．マイナスの顕熱は，気温を下げている．熱伝導・蓄熱は，昼間地表面下に伝導・蓄熱され，夜間地表面から外部空間に向けて，出て（放熱されて）いく．

解説図Ⅲ.4-1　植物による熱環境改善のメカニズム[1]をもとに作成

ⅱ．潜熱変換

　植物は光合成に太陽光を使用するだけでなく，水分を植物体の最上部まで運び，植物体の温度上昇を抑制するために大量の水分を蒸散させる．潜熱に変換されることで，太陽光エネルギーが顕熱となり周辺の空気を熱することがなくなるため，ヒートアイランド現象を抑制する．

- 177 -

ⅲ. 蓄熱削減（熱伝導含む）

　日射遮蔽，潜熱変換により熱エネルギーの蓄積がなくなれば，大地，建物内への熱伝導も少なくなる．地面・建物への蓄熱が少ないと，夜間の長波放射・顕熱も少なくなるため熱帯夜の抑制につながる．

ⅳ. 植物の形態による熱環境改善効果

　植物の形態により熱環境改善効果は異なる．高木では日射遮蔽，潜熱変換，蓄熱削減，冷熱輻射ともに大きな効果を発揮するが，中木，低木，芝生，セダム類，コケ類と植物体の大きさが小さくなるほど効果が減少する．そのため，熱環境改善に当たっては，高木による熱環境改善が望ましい．

ⅴ. 植物生理による熱環境改善効果

　コウライシバ，バミューダグラス等の芝生を構成する植物の多くはC_4植物（C_4ジカルボン酸回路によって炭酸固定を行う植物）で，強い光条件でも光合成効率が上がり続け蒸散量も多くなるため，熱環境改善効果は大きい．反対にセダム類はカム（CAM）植物で，日中は気孔を閉じて水分蒸散を行わず，夜間に気孔を開きCO_2を取り込み，光合成を行う．したがって昼間の蒸散量は少なく，ヒートアイランド抑制効果も少ない．コケ類は，地上部の葉からのみ水分吸収を行う．葉肉内に蓄積されている水分はごく僅かであるため，ヒートアイランド抑制効果は極めて少ない．そのため，熱環境改善に当たっては，セダム類等のCAM植物やコケ類より芝生等のC_4植物を用いるとよい．

ⅵ. 表面材による熱環境改善効果の違い

　植物とほかの保水性舗装等の表面材と比較すると，低木緑化や芝生緑化等の植物の方が熱環境改善効果が大きいため，植物により表面被覆をすることが望ましい（**解説図Ⅲ.4-2**）．

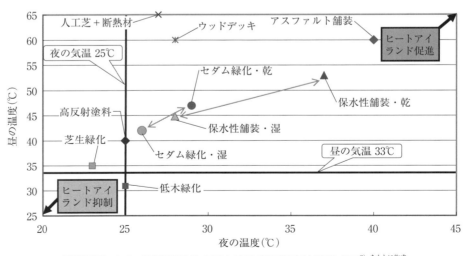

解説図Ⅲ.4-2　夏季晴天日の昼と夜の表面温度比較模式図[2]をもとに作成

（3）人に対する熱的効果

人が高木の下に入り，太陽光が遮断される日射遮蔽により太陽放射による体温上昇が抑制される．また，植物体の温度が人の体温より低くなると，出る熱と入る熱の収支で長波放射は人から植物体へ向かう（冷熱輻射）こととなる．日射遮蔽によって表面温度が低い道路面，建築物表面においても同様な現象が生じる．反対に直接太陽光が当たる，道路面，建築物表面は高温となり，人に向かって長波放射（輻射熱）が起こり，体感温度が上昇し，気温以上に暑く感じることとなる（**解説図Ⅲ.4-3**）．

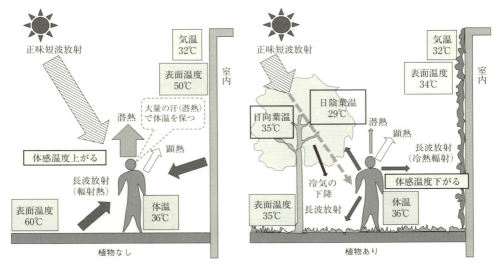

＊人に向かってくる量と，出ていく量で多い方向を表示．路面・壁面から人に向かう長波放射は，輻射熱となり熱感となる．人から出て緑被面に向かう長波放射は，冷熱輻射となり冷感となる．熱が入ってくる場合，暑いと感じ，熱が出て行く場合涼しいと感じる．短波放射は太陽光であり，人に当たると熱に変換される．

解説図Ⅲ.4-3　人に対する微気象緩和効果の模式図[3]をもとに作成

（4）街路樹による温熱環境改善

頭上から降り注ぐ日射が街路樹で遮られ，日射を受けない路面からは長波放射が少なくなることで，体感温度が上昇しないだけではなく，熱帯夜の抑制につながる．

i．樹形による効果の違い

樹形により，日射遮蔽の違いが大きく，ファスティギアタ型（葉張の狭い細長い円錐形型）の樹木では，緑陰が非常に少なくなってしまう．また，強剪定により葉量が極端に少なくなった樹木も同様である．日射遮蔽が少なければ，道路面，建築面に直射光が当たり顕熱放射，長波放射，蓄熱が多くなってしまう．日射遮蔽が多ければ，人体への直射がなくなるだけでなく，道路面，建築面に直射光が当たらず顕熱放射，長波放射，熱伝導・蓄熱は少なくなる．蓄熱は，夜間に顕熱放射，長波放射され熱帯夜につながる（**解説図Ⅲ.4-4**）．

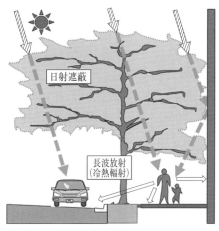 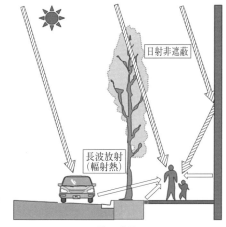

解説図Ⅲ.4-4 樹形の違いによる日射,長波放射の違い

ⅱ．中木による車道からの熱流入防止

車道路面からの長波放射（輻射熱）と路面で熱せられた空気の流入を削減させることができるため，車道と歩道の境界に生垣状の植栽を設けるとよい．

ⅲ．街路樹による温度上昇抑制効果

街路などにおいて，風そのものの温度上昇を抑制するために，広い葉張を持つ街路樹帯を形成し，街路空間の顕熱発生量，蓄熱量を減少させることが望ましい（**解説写真Ⅲ.4-1**）．

解説写真Ⅲ.4-1 樹形の違いによる日射遮蔽の状況

4.2 公園緑地の温熱環境緩和の緑化

公園緑地の緑化に当たっては温熱環境緩和に配慮した措置を講じることが望ましい．

【解　説】

公園や緑地のような，数百～数万 m² 程度のスケールでは，緑地内の気温低下に伴うクールアイランド現象（クールスポット），気温以外の気象要素も影響する温熱環境（体感温度）の変化，緑地の周囲に冷気が流出する冷気滲み出し現象などが生じている．

解説図Ⅲ.4-5 のように，樹林や草地の多い公園緑地では，内部の気温が低下し，周囲の市街地よりも気温が低い「クールスポット」となることがある．これは，気温が高い夏の晴天日に最も顕著に現れる．この現象は植物体や土壌からの水分蒸発に伴う潜熱移動によってもたらされるものである．また，晴天日，静穏な夜間には，図のように緑地と市街地の境界付近で気流が発生し，緑地内部の冷気が市街地へと流出する現象が起きることもある．これを「冷気滲み出し現象」と呼ぶ．これは芝生広場のような開けた場所に，放射冷却によって生じた冷気が溜まり，一定量に達した後で流出する現象である．

気温の低さは体感温度を低下させるが，これに伴い湿度（相対湿度）は増加する．こちらは体感温度を上昇させる働きをするため，元々の湿度が非常に高い場合には，効果が相殺される

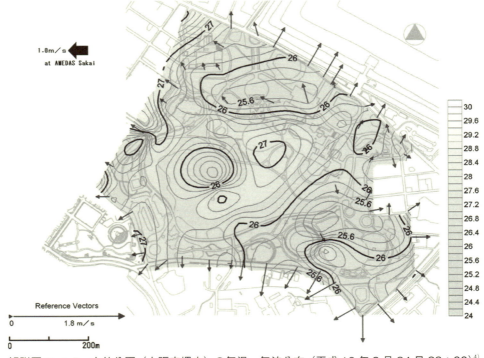

解説図Ⅲ.4-5　大仙公園（大阪府堺市）の気温・気流分布（平成19年8月24日23：00）[4]

こともある．高木植栽等による日射の遮蔽は常に体感温度を低下させる効果を発揮する．また，風速の低下は体感温度を上昇させるために，夏の温熱環境緩和のための緑地は，気温をより効率的に低下させ，日射を遮蔽し，風の流れを妨げない構造が理想となる．

冷気滲み出し現象は，新宿御苑や**解説図Ⅲ.4-5**の大仙公園のように，大面積な緑地であり，かつ大規模な芝生広場を有する緑地でのみ顕著に観測されている．明瞭な冷気の流出をもたらすためには，これら公園と同程度の規模，質が必要となると考えられる．

(1) 温熱環境緩和を目的とした**植栽設計と施設設計**

高木植栽は蒸散量も多く，また，生成した冷気を留めておく効果も高い．できるだけ大面積で木漏れ日の少ない密な樹冠を形成するような高木配置及び樹種選定が望ましい．また，冬の温熱環境も考慮すれば，使用する樹種は落葉樹の選択が望ましい．

芝生や地被植物で覆われた緑被面は，日中の冷気生成にはほとんど役に立たないが，夜間の冷気蓄積のためには非常に重要で，冷気滲み出し現象を狙った施工をするのであれば，周囲を樹林で囲まれた大面積の芝生広場などを設けることが有効である．

四阿のような人工物は，日陰の提供という点では有効であるが，施設そのものが高温化するため，屋根をつる植物で覆って緑化するなどの対策を施すことが望ましい．また，舗装面なども保水性資材を使うなど，緑地内部の全ての表面温度の低下に努めることが望まれる．水深の浅い池などは水温が高温化し，特に夜間において放熱源となる危険性があるため，水量や循環方法など十分に検討する必要がある．

(2) 温熱環境緩和を目的とした**施工**

早期に温熱環境緩和効果を発揮させるためには，できるだけ大きな枝張を持つ高木を最初から植栽する必要がある．

(3) 温熱環境緩和を目的とした**維持管理**

緑陰の形成が最も重要であるため，高木の剪定量と剪定時期には十分に注意する必要がある．最も緑陰が必要となる夏に高木の強剪定を行うというのが，最も悪い維持管理例ということになる．また，全ての温熱環境緩和効果の源泉は水の蒸発散現象であるから，特に夏の灌水管理は十分に行い，植物の蒸散量が最大になるように努めていくことが重要である．

4.3 建築緑化による温熱環境緩和

建築緑化の温熱環境緩和には以下のものがあり，外部空間と建築内部空間の温熱環境を緩和することを考慮して，屋上緑化や壁面緑化を行うことが望ましい．

4.3.1 屋上緑化による温熱環境緩和

ヒートアイランド現象の抑制や熱帯夜の抑制，建築内部空間における省エネルギー効果を発揮するために屋上緑化を行うことが望ましい．

4章 温熱環境の緩和

【解　説】
(1) 外部空間の温熱環境緩和

　緑化していない屋上面は強い顕熱発生面であるため，ヒートアイランド現象を抑制するためには，屋上を緑化して潜熱変換面とすることで，顕熱を削減することが重要である．また，緑化していない屋上面は熱伝導で建築躯体に伝導した熱が蓄熱され，夜間に赤外放射，顕熱となり外部空間に放射されるため，熱帯夜を抑制するためには，屋上緑化により熱伝導と蓄熱を減少させることが重要である．

(2) 建築内部空間の温熱環境緩和（省エネルギー）

　省エネルギー効果については，断熱材の普及につれ相対的に効果が薄れてきており，断熱

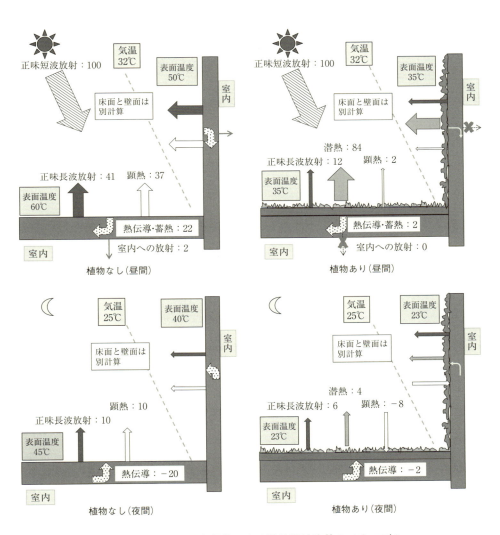

解説図Ⅲ.4-6　屋上緑化による温熱環境改善のメカニズム

材の有無により効果の程度は異なるが，植栽により直射日光の遮蔽，葉の水分蒸散による潜熱変換，土壌層・排水層による断熱（水分含有量により異なる）等の効果により建築躯体・室内への熱流が，大幅に削減できることから，積極的に屋上緑化を行うことが望ましい（**解説図Ⅲ.4-6参照**）．

緑化を行っていない場合，真夏の日中に屋上躯体表面温度変化が激しいことに比較して，緑化された部分の土壌下面の温度は比較的低い温度で安定しており，変化が少ない特徴を有する．**解説図Ⅲ.4-7**を見ると，緑化のもとの室内側躯体表面温度が，夏は約5℃低く，冬は約3℃高いことが分かる．こうしたことから「緑化は夏涼しく冬暖かい」と言われ，省エネルギー効果がある．建築の内外でのエネルギー量の差は非常に大きいが，屋外のエネルギー収支においては現状では経済効果が算定されず，屋内のエネルギー収支は電気料金という形で経済効果が算定できる．

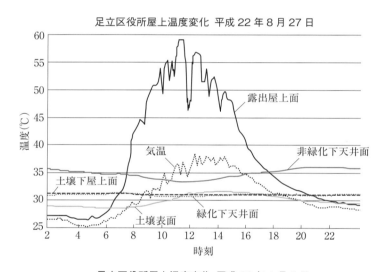

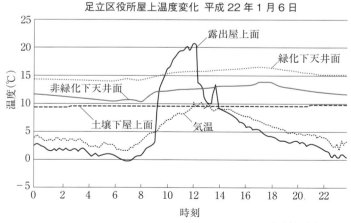

解説図Ⅲ.4-7 緑化による夏・冬の温度変化[5]をもとに作成

（3）そのほかの効果

緑化した部分の建築躯体表面では温度変化が緩慢となり，太陽の直射（特に紫外線）を防ぎ，風雨の影響も受けることがない．躯体温度の変化が少ないことは，膨張・収縮がなくなることになり，建築躯体の劣化の進行を抑え建築物の保護につながる．

4.3.2 壁面緑化等による温熱環境緩和

外部空間におけるヒートアイランドや熱帯夜の抑制，建築内部空間における省エネルギー効果を発揮するために，壁面緑化や緑のカーテンを行うことが望ましい．緑化に当たっては，求める効果を考慮し，設置する壁面の方位等を検討する．

【解　説】
（1）壁面の方位による太陽から受けるエネルギー量の差

壁面は太陽高度，壁面の向いている方位により日射の入射量が大きく異なる．壁面への入射が最大となるのは，壁面に直交する方位の太陽が水平線に沈む間際であり，都市内においてはほかの建築物の陰などで入射量は少なくなる．そのため，夏の温熱環境緩和効果は壁の方位により異なるが，西向きの壁面を緑化した場合が最大となり，南向き壁面はごく少なくなる．冬は南面の受容エネルギー量が，屋上等の水平面より多くなり，夏冬の差が極端である（**解説図Ⅲ.4-8**）．

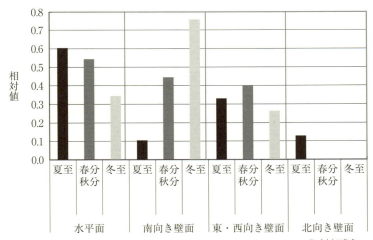

解説図Ⅲ.4-8　壁面の方位による四季の日射エネルギー[6] をもとに作成

（2）外部空間の温熱環境緩和

屋上緑化同様の効果が得られるが（「**解説図Ⅲ.4-6　屋上緑化による温熱環境改善のメカニズム**」参照），屋上と異なり壁面の向いている方位により効果の程度が大きく異なる．

壁面は人体と正対する面積が多い分，緑化していない場合輻射熱を受ける面が多く，緑化

した場合冷熱輻射を放つ面が多くなるため，路面等の水平面よりその差が大きくなる（「**解説図Ⅲ.4-3 人に対する微気象緩和効果の模式図**」参照）．しかし，太陽高度が高い昼は壁面が受ける日射そのものが少ないため効果は少なく，方位によるが太陽高度が低くなる夕方に効果が高くなる．

（3）建築内部空間の温熱環境緩和（省エネルギー）

省エネルギー効果については，RC構造の建築物では断熱材がない場合が多いため，方位によっては屋上緑化よりも効果が大きい場合がある．壁面基盤型の緑化は基盤による断熱効果が得られるが，基盤がない壁面緑化工法の場合はその効果がほとんどなく，屋上緑化と比較すると熱流入抑制効果は少なくなる．西向きの壁面は夕方に日射の入射が多くなるが，気温の高い夕方に多くなるため，緑化を行っていない場合は建築躯体への熱伝導・蓄熱，更に室内への熱の流入が夜間にまで及ぶこととなる．この部分に緑化すればそれらが削減されるため，省エネルギー効果は高くなる（**解説図Ⅲ.4-6 屋上緑化による温熱環境改善のメカニズム**」参照）．

（4）緑のカーテン

窓などの開口部の前面を覆うように設置する．その緑化手法は，壁面緑化の登はん補助資材を用いた間接登はんである．

太陽の日射は窓の向きにより，入り方，入射量が異なるため緑のカーテンの設置方法も異なってくる．南向きの窓等の場合，緑のカーテンを必要とする夏には太陽高度が高く，直射光は余り入ってこない．そこで，南側に緑のカーテンを設置する場合は，斜めに設置し太陽の直射が地面やバルコニーの床面で反射して，輻射熱として室内に入ることを防止する．また，斜めのカーテン下の空間を利用することで，涼しい時間を過ごすことができる．東西，特に西向きの窓等の場合，太陽光が低い位置から入るため，垂直な緑のカーテンで太陽光の直射そのものを遮ることが適する（**解説図Ⅲ.4-9**）．

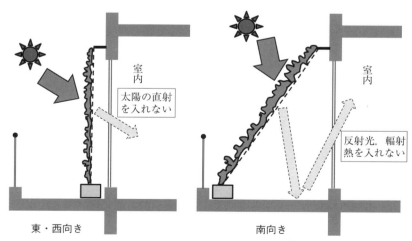

解説図Ⅲ.4-9　緑のカーテンの設置方法[7]をもとに修正

（5）室内緑化

室内においては，屋外と比較して植物の蒸発散量が桁違いに少なく，植物による温熱環境緩和効果は少ない．しかし，室内に置かれた植物はエネルギーのいらない加湿器となる．

4.4 温熱環境緩和の舗装等（透水性舗装，保水性舗装，高反射舗装）

公園緑地等の透水性舗装，保水性舗装，高反射舗装の導入に当たっては，温熱環境緩和や雨水浸透等の求める機能と留意点に配慮した措置を講じることが望ましい．

【解　説】

公園緑地等において透水性舗装，保水性舗装，高反射舗装を行う際の技術的要点について以下に説明する．

（1）透水性舗装材の特性と効果

従来の道路舗装においては，舗装体に水を含ませることは舗装の耐久性を低下させるものとして避けられてきた．ところが，「路面湛水を避け走行安全性を向上する」「騒音を低減する」「雨水を地面へ浸透させる」「道路面排水の時間遅延等により下水道や河川への雨水流出を緩和する」などの社会的要請に応えるために，雨水を舗装面へ浸透させるための技術開発が行われた．その結果，歩道部分においては透水性舗装が，車道部分に関しては排水性舗装が普及してきた．

公園や緑地においては，この歩道部分における透水性舗装の技術を応用していくことになる．公園や緑地における透水性舗装の導入は，土壌や植物体への水分供給量を増やし，温熱環境を緩和する効果の増大が期待できる．

透水性舗装とは，一般に路面における透水係数が 0.01 cm/s（1×10^{-2} cm/s）以上のものを指す[8]．この透水性は，良好な植栽基盤の透水性の目安[9]である 100 mm/h（$\fallingdotseq 0.0028$ cm/s）と比べると一桁大きく，一般的な土壌よりも早く水が浸透すると考えられる．したがって，舗装面の下の路盤が土壌であり，かつ，土壌への雨水浸透が主な目的である場合，無闇に高い透水性の舗装材を選択する必要性はない．

（2）保水性舗装材の特性と効果

保水性舗装は，透水性舗装の機能にプラスして，舗装体内に多くの水を保持し，その水を毛管現象を利用して表面に浸透させることによって，水分蒸発に伴う温度低減効果を狙ったものである．従来は歩道や広場での施工が主であったが，現在では車道部分を対象とした保水性舗装も行われている．保水性舗装は透水性も有するので，透水に伴う上記効果も得られる．

公園や緑地においても，保水性舗装を導入する目的は道路と同じであり，ヒートアイランド現象の緩和，暑すぎる温熱環境を緩和する効果が期待できる．舗装面保水化に伴う効果は，**解説図Ⅲ.4-10** のように，潜熱によって顕熱量（空気を暖める）と伝導熱量（舗装や地

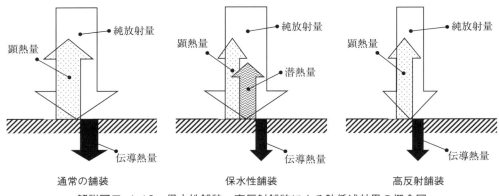
解説図Ⅲ.4-10　保水性舗装・高反射舗装による熱低減効果の概念図

面を暖める）を減少することによって発揮させる．

　保水性舗装に関しては，一般的な性能基準は定められていないが，例えば平成25年の横浜市の仕様書[10]では，厚さ50 mmの道路舗装に対して，4 kg/m^2（＝4 L/m^2）以上の保水量（24時間水浸後）と規定されている．同時に仕様書では，路面低減温度が12℃以上となることを求めている．これは，気温30℃以上の条件下で測定の2時間前に30分間散水し，11：00～15：00の30分ごとに舗装表面温度を計測し，保水性舗装をしていない近隣の同一条件箇所との温度差を算定し，その各測定箇所の最大値の平均が12℃以上であることとしている．実際には，日射量や湿度の影響を受けるため，この温度差の測定方法に関しては必ずしも公正厳密なものとは言えないが，一つの目安にはなる．また，保水量と温度差にはそれほど相関関係はなく，それぞれが別個の指標であると考えた方がよい．

　保水性平板等については，JIS A 5371「プレキャスト無筋コンクリート製品」附属書B.5.4.1及び附属書B.5.4.2により，保水量0.15 g/cm^{3}以上，給水30分後の吸上げ高さで70％以上が推奨されている．

　保水性舗装材の保水量に関しては，客観的で公正な評価が可能であるが，温度低減効果に関しては評価が難しい．一部の資材では，保水量は大きいものの，毛管連続切断現象が早期に現れ，内部には十分に保水していても表面が乾いて温度上昇をきたすものもある．複数の資材を同一地に並べ，散水後の表面温度変化を計測して確かめるのが確実な資材選定方法である．

（3）高反射舗装材の特性と効果

　高反射舗装は，遮熱性舗装と呼ばれることもある．いずれも，路面の反射率を高めて，路面における顕熱の発生量と表面温度を低下させようとするものである．なお，遮熱性舗装の中には，可視光の反射率はそれほど大きくないが，近赤外線に対する反射率を高めることによって温度低減を図るとしているものもある．

　一般的なアスファルト舗装の反射率は5～10％程度なのに対し，高反射舗装や遮熱性舗装は25～60％程度の反射率を示すものが多い．また，光の波長により異なる反射率を示すも

のもあり，日射の反射率だけで性能を評価することは難しい．舗装の業界団体が組織する研究会における遮熱性舗装の定義[11]では，150 W の白熱電球を用いた室内照射試験器を用いて計測し，舗装材の明度が 50 のときに，通常のアスファルト舗装よりも 10℃ 以上の温度低減効果が得られることを最低限の性能基準と規定している．なお，JIS K 5675「屋根用高日射反射率塗料」では，高反射塗料の定義として，明度 40 以下では近赤外線域の反射率が 40% 以上，明度 40〜80 では明度以上の反射率，明度 80 以上では 80% 以上の反射率を有するものと規定している．

　高反射舗装による効果を放射エネルギーの収支から説明すると，**解説図Ⅲ.4-10** のように表すことができる．地面の高反射化は，太陽光や天空からの赤外線光を反射することによって，地面が受け取る純放射量（正味放射量）を低下させ，その結果として大気を暖める顕熱量や，建物や地面を暖める伝導熱量が減少する．これによってヒートアイランド現象の低減，暑熱環境の緩和などが図られる．保水性舗装の場合，干天が続き水分がなくなると，その効果を失ってしまうという欠点があるが，高反射舗装の場合，常に効果を発揮し続けることができる．

（4）舗装材選択の際の留意点

　高反射舗装は，太陽から来た光をそのまま上空へと戻す役割を果たしている．これが高層建物屋上のような場所であれば，ほとんど何の問題もないが，地面の場合には，様々なデメリットが生じる．まず，可視光に対して高反射な場合は，地面が眩しくなり，歩行や休息のための空間としては，著しく快適性を低下させる危険性がある．また，遠赤外線による照り返しは減少するものの，太陽光そのものの照り返しが強くなり，体感的に温熱環境を緩和しているとは言い難い場合も出てくる．これは主に近赤外線を反射するという場合も同様で，路面からの遠赤外線量は減らせても，近赤外線の反射光が強まるために，効果が相殺される可能性がある．

　公園緑地は人間が屋外で長時間滞在する空間であり，通常の道路空間とは異なる視点に立って舗装材の選定を行う必要がある．

（5）透水性舗装，保水性舗装，高反射舗装の施工

　透水性舗装，保水性舗装の断面構成には様々なバリエーションがあるが，その一例を**解説図Ⅲ.4-11** と**解説図Ⅲ.4-12** に示す．

　このうち，**解説図Ⅲ.4-11** のフィルター層は不透水層であり，表層の透水面から浸透した雨水は，路盤層（クラッシャラン）において横方向に排水するように設計されている．これは道路歩道用の設計例であり，路床への雨水浸透を期待する場合には，この不透水層を除いて設計する必要がある．**解説図Ⅲ.4-12** の場合，保水層のもとに単なる基層ではない貯水構造を有する貯水層を設けると，より長時間の保水効果が期待できるが，実際の設計・施工は難しく，相当な工夫が必要となる．

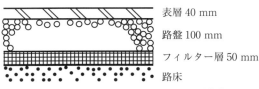

解説図Ⅲ.4-11　透水性舗装の断面構成例

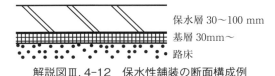

解説図Ⅲ.4-12　保水性舗装の断面構成例

　高反射舗装の断面構成や工法にも様々なバリエーションがあるが，その一例を**解説図Ⅲ.4-13**に示す．高反射皮膜は，アスファルト層の表面に塗布したり，浸透させたりして形成されることが多い．そのほかの路盤や路床の構造は一般的なアスファルト舗装と全く同一であり，透水性舗装や保水性舗装と比べて最もコストが下げやすい．

　舗装用平板やブロックにも透水性，保水性，高反射性あるいは遮熱性の製品があり，これらを用いても同様の効果を有する舗装を行うことができる．

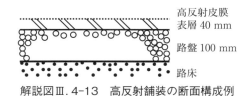

解説図Ⅲ.4-13　高反射舗装の断面構成例

（6）透水性舗装，保水性舗装，高反射舗装の維持管理

　透水性舗装，保水性舗装のいずれも，水が透水する隙間部分に，塵埃や土砂が流入し，あるいは経年劣化で隙間部分が崩壊し，徐々に透水性が低下することは避けられない．特に公園緑地内では，周辺からの微粒土壌混じりの雨水流入などが起きると，短期間のうちに機能を低下させてしまう危険性もある．設計・施工時から，このような事態を避けるような工夫を施すことが望まれる．また，施工後にも一定期間ごとに，真水での洗浄作業などを行うことが機能を長期間維持するためには望ましい．

　保水性舗装は水分を含有している状態で温熱環境緩和効果を発揮するので，干天が続いた場合など，人為的に散水することで，その機能を維持することができる．

　透水性舗装，保水性舗装ともに，表面や目地部において蘚苔類などの繁殖や，場合によっては種子植物が生育したりすることがある．これらは歩行性や景観性を損なうだけではなく，保水性や冷却性能に影響を与えることもあり，定期的に除去することが望ましい．

また，保水性の資材においては，塩分の付着・浸透によって著しく冷却性能が低下することが，経験上知られている．海岸に近い場所や，台風通過直後などには，真水を使って塩分を除去するような管理作業も必要となる．

高反射舗装は，その性質上，表面の反射層が不透明な物質で少しでも覆われると，すぐに効果を失う．したがって表面の清掃が不可欠である．また，反射層自体の劣化や摩耗によって，反射率が低下する場合もある．メンテナンス不要を謳う商品も多いが，温熱環境緩和効果を維持するためには，定期的な清掃，点検作業が必要となることが多い．

4.5 人工芝とウッドデッキ

人工芝及びウッドデッキの温熱環境特性は，素材・形状そのほかの要素，日射・水分状況により大幅に異なることから，施設の導入に当たっては，温熱環境緩和に配慮した措置を講じることが望ましい．

【解　説】

太陽からの短波放射を受けた物体は，その素材・形状により異なる短波反射，長波放射，熱伝導・蓄熱，顕熱放射，潜熱放射を行う．特に形状においては，体積と表面積の比が重要であり，線状の物体では体積に比較して表面積が格段に大きくなる．また，薄い物体は厚い物体より表面積は大きくなり更に表裏両面があるため，体積と表面積の比は大きい．舗装面等1面のみの物体が，最も比が小さくなる．体積と表面積の比が大きい物体ほど，顕熱放射（空気伝導熱）が多くなり潜熱放射がない枯葉でも45℃を超える表面温度にはならない．長波放射は表面温度が高いほど多くなるが，顕熱放射は気温との温度差よりも物体の形状による差の方が大きい．

昼間は大気循環が大きく顕熱放射による気温上昇は，大気循環の少ない夜間より少ない．太陽からの短波放射を熱伝導・蓄熱で蓄えた物質からは，熱が夜間に長波放射，顕熱放射として放出されるため，熱帯夜の出現を助長することになる（「**解説図Ⅲ.4-2　夏季晴天日の昼と夜の表面温度比較模式図**」参照）．

（1）人工芝

温熱環境特性は，素材の質・色，形状のほかに下地構造，砂入り人工芝，ハイブリッド芝などにより異なるが，特に素材の形状による差も大きい．それぞれの特性を考慮する必要がある．

ⅰ．芝パイルの形状

細いパイルが立ち上がっている形状の人工芝は，長波放射が少なく顕熱放射が多くなる．反対にパイルが寝て基盤に密着している人工芝は，長波放射が多く顕熱放射は少なくなる．パイルの密度が高いと，パイル間を流れる空気流が少なく顕熱放射が少なくなり，高温となるため長波放射が多くなる．

ⅱ．下地構造

　　基盤の構造により熱伝導・蓄熱が大きく変わってくる．「発泡スチロール等」に張り付けた場合，熱伝導・蓄熱が極端に少なくなり太陽から受けた短波放射は，長波放射と顕熱放射で放出されるが，熱伝導・蓄熱がないため夜間の長波放射と顕熱放射がなく，熱帯夜の出現を抑制する．「コンクリート等」に張り付けた場合，熱伝導・蓄熱が多く，昼間の長波放射と顕熱放射は少なくなるが，その分夜間に長波放射と顕熱放射として放出されることになり，熱帯夜の出現を助長することになる．下地が「砕石・砂等」の場合，上記両者の中間的な熱の動きとなる．

ⅲ．砂入り人工芝

　　近年は，砂入り人工芝のグラウンドが増加しているが，砂が湿潤状態にあれば水分蒸発で潜熱変換が起こり，表面温度の低下，長波放射・顕熱放射の低下及び熱伝導・蓄熱も低下する．しかし，水分の移動が少ないことから下部からの水分供給は少なく，潜熱変換は持続しない．砂が乾燥状態にあれば，細長いパイルからの顕熱放射は少なくなることで高温となり，長波放射と顕熱放射が増大するとともに熱伝導・蓄熱も増加してくるが，アスファルトやコンクリートと比較すると熱伝導・蓄熱は少ない．

ⅳ．ハイブリッド芝

　　現在，人工芝と天然芝のハイブリッド工法が模索されているが，温熱環境的には人工芝と天然芝の中間的な値となっている．砂入り人工芝より温熱環境ははるかに改善効果が大きくなるが，植物が根により地下の水分をくみ上げる，人工のエネルギーを要しない揚水ポンプとなっていることに起因している．

（2）ウッドデッキ

温熱環境特性は，素材の質・色，形状のほかに下地構造により異なるが，特に素材の質・色による差が大きい．それぞれの特性を考慮する必要がある．

ⅰ．素材の質・色

　　素材の質においては，密で重量の重い資材ほど熱伝導率・蓄熱量が高くなる．また，密な資材ほど水の浸透・含有量が少なく，打ち水による気温低減効果が持続しなくなる．反対に，粗で軽い資材は熱伝導・蓄熱が少なく，昼間においては長波放射，顕熱放射が多くなるが，夜間は表面温度が下がり長波放射・顕熱放射は少なくなる．

　　素材の表面温度については，暗色のものほど短波放射が少なく，長波放射・顕熱放射が多くなる．表面が毛羽立つと，雪面と同様の短波放射（太陽光）が乱反射して人の眼に入る量が増大し，雪目（眼球の日焼け）になる可能性があるため，毛羽立ちが起きないような管理が重要である．

ⅱ．形　状

　　資材の厚さが増すほど蓄熱量は多くなるが，アスファルト，コンクリート等に比べ熱伝導率が少ないため，蓄熱量が大幅に増加することはない．また，熱伝導率が少ないため，デッキ材の表裏両面からの長波放射，顕熱放射には大きな差ができ，短波放射が入る表面

からの放射が卓越する．表面に溝を付けた構造では，打ち水などの水が長く止まり，水分蒸発による潜熱変換が多くなる．

ⅲ．下地構造

　　表面より裏面への熱移動は僅かであり，屋上等の躯体内への熱流は直接太陽からの短波放射が入る場合より大幅に少なくなる．更に多くの場合，束や根太の上にデッキ材を張るため，下部に空間ができることで室内への熱流は屋上緑化同様にごく少なくなる．

Ⅲ部4章 参考文献

1) 藤田茂（2012）：日本一くわしい屋上・壁面緑化：エクスナレッジ，17
2) 前出1），19
3) 前出1），26
4) Hiroyuki Yamada, Mami Yokota（2009）：Research on the park breeze from the Daisen park, Osaka pref.：The 7th International Conference on Urban Climate（PACIFICO Yokohama）
5) 前出1），23
6) 前出1），87
7) 前出1），346
8) 日本道路協会編集（1996）：排水性舗装技術指針（案）：日本道路協会，丸善出版事業部
9) 日本緑化センター（2009）：植栽基盤整備技術マニュアル 改定第2版（国土交通省都市局公園緑地・景観課緑地環境室監修）：日本緑化センター，107
10) 横浜市道路局Webサイト：保水性舗装に関する特記仕様書：〈http://www.city.yokohama.lg.jp/doro/gijutsukanri/siyousyo/download1/1-19hosui.pdf〉2015.3.1 閲覧
11) 路面温度上昇抑制舗装研究会遮熱部会（2011）：遮熱性舗装技術資料：路面温度上昇抑制舗装研究会，2，19-23

5章　安全・安心

5.1　公園等における防犯対策

> 公園等の屋外環境においては，犯罪が起きる環境に着目し，その誘発要因を取り除く環境設計の考え方を理解して対応しなければならない．

【解　説】
(1) 防犯環境設計

防犯環境設計とは，CPTED（セプテッド：Crime Prevention Through Environmental Design）の日本語訳であり，公園・街路や建物の物理的環境の整備によって犯罪を予防し，住民や警察・地方公共団体などによる防犯活動を推進することで，総合的な防犯環境の形成を目指す犯罪予防の手法である．

具体的には，犯罪発生の誘発要因を取り除くことや，多くの人の目が届くようにすることなどであり，公園等の屋外環境においても，次のような手法を効果的に組み合わせることで安全性を高めていくことが必要である．

ⅰ．被害対象の回避・強化

犯罪による被害の対象となることを回避するため，犯罪誘発要因の除去や対象物の強化を図る．具体的には，「施設を壊されたり燃やされたりしやすい材料や構造としない」「便所に防犯ベルや赤色灯を設置する」等があげられる．

ⅱ．接近の制御

犯罪企図者（犯罪を起こそうとする者）が被害対象者（物）に近づきにくくする．具体的には，「建築物の侵入口となりそうな場所に足場となる物や樹木を置かない」「犯罪意図者が身を隠せるような植込みを設置しない」等があげられる．

ⅲ．自然監視性の確保

多くの人の目が自然に届くように，見通しを確保する．具体的には，「防犯灯や照明灯を設置し，暗がりをなくす」「出入口部の両側を隅切りし，見通しを良くする」等があげられる．

ⅳ．領域の明確化

領域を明確にして，部外者が侵入しにくい環境をつくる．具体的には，「領域を明確にするためフェンスや花壇で周りを囲う」「落書きやゴミをなくしきちんとした施設管理を行う」等があげられる．

（2）安全・安心に関わる条例における指針等

近年，多くの地方公共団体で安全・安心に関わる条例を制定しており，公園に関する防犯上の指針を定めている事例も見られる．これらの内容から，次のような対応を行っていくことが求められる．

i．植栽における配慮

植栽で最も留意すべき点は，見通しを確保することである．見通しは，人の目線の高さだけではなく車上からでも見通しが利くことが望ましく，施工に際しては植栽位置や配植・枝下高・樹高・樹種等を考慮して，隠れ場所となるような植栽を避ける必要がある．低木の植込みや生垣づくりでは，その高さ・広がり・周辺施設との位置関係などを考慮して施工する必要がある．更に，境界部では，隣接する建物への侵入経路となる場合もあることから，樹木の位置や枝張等に植栽を利用して侵入できないようにすることも必要である．

ii．施設配置等における配慮

不特定多数の利用者に利用される施設は，周囲から明確に見通せる場所にあることが望ましく，特に出入口は，防犯だけではなく安全確保の視点からも見通せる場所に設置することが必要である．また，出入口や通路が生活路や通学路として使われる場合は，見通しだけではなく，犯罪意図者が隠れやすい場所の排除や，夜間の照明の明るさなどへの配慮も必要である．

便所の設置位置は，見通しが良く，公園等の入口に近い場所が望ましい．設備では，防犯ベルや赤色灯等の警報装置の設置，また便所の入口が二方向で内部の見通しが利くことが求められる．材料や構造は，壊されにくい素材や備品を用いるとともに，壊されても容易に交換できるものとする．これらの事項は，設計のみならず施工段階においてもチェックして，不足があれば改善する必要がある．夜間でも利用可能な便所での周辺の照明では，「人の顔，行動を明確に選別できる程度以上の照度（50 lx 以上）」が要求される場合もある．

園路などの照明では，「人の行動が視認できる程度以上の照度（3 lx 以上）」[1]が推奨されている．また，JIS Z 8113「照明用語」では，「公園の主な場所」の所要照度を 1.5〜30 lx としており，多くの場合，これを参照して，広場部分を 10 lx 程度，園路部分を 3〜4 lx 程度としている例が多い．

5.2 安全確保の取り組み

子どもから高齢者までの幅広い年齢層が利用する公園緑地等の安全を確保していくためには，事故の発生につながる様々な危険要素を取り除き事故の防止につなげていくことが重要である．

危険は，人的要因による危険（人的ハザード）と物的要因による危険（物的ハザード）

> に分類されるが，公共公益の視点からは，利用者への周知等によって人的ハザードを軽減しつつ，物的ハザードの除去に努めることが望ましい．

【解 説】
(1) リスクとハザード

　　公園緑地等における安全確保の基本的な対応は，危険をどう捉えるかが重要なポイントとなる．危険には，利用者の不適切な行動によって生じる危険（人的ハザード）と，施設が持つ物理的な条件によって生じる危険（物的ハザード）があるが，その境界はあいまいで判断に迷う場合が多い．これは，これらの境界が必ずしも一様ではなく，社会的背景や利用者の成熟度など，外的要因により左右される性格を持つからであり，安全確保への取り組みでは，こうした点に十分な配慮が必要である．しかし，最低限，施設等を利用する上で，生命に危険を及ぼす，あるいは重度の障がいや恒久的な障がいをもたらすような危険（物的ハザード）は確実に排除しなければならない．

　　「都市公園における遊具の安全確保に関する指針」[2)3)]（以下，「遊具指針」と言う）では，遊具に関してのみ危険をリスク（遊びの価値の一つ）とハザードに分類して，子どもの成長のためにはある程度の危険（リスク）は必要とされているが，公園緑地等の施設一般に関してはどちらも危険であり，取り除いていくことが必要である．

(2) 遊具の安全規準

　　遊具の安全確保については，「遊具指針」と「遊具の安全に関する規準」[4)]（以下，「安全規準」と言う）において示されている．遊具指針は，管理者・製造者・利用者等の役割や，配慮すべき基本的事項が示されており，ガイドライン的性格を持つ．また，安全規準は，基本的事項の詳細や個々の施設のあり方について詳述している．

　　造園工事においては，これらの資料を十分活用し，特に以下の点に留意する必要がある．

　 ⅰ．安全領域の確保

　　　遊具の周囲には，遊具の利用及び子どもの衝突や転倒に対応できるような空間（＝安全領域）を確保する必要がある．概ね，施設の端部から1.8m程度の範囲であるが，特に遊具の運動方向では十分な空間が必要となる．安全規準には，個別の施設ごとに必要となる安全領域の範囲が示されている．

　　　また，遊具を設置する際は，利用者が交錯しないような配置が求められる．

　 ⅱ．設置面の配慮

　　　遊具を設置する地面は，遊具から転落しても安全なように，落下の衝撃を緩和する必要がある．接地面全体でできるだけ軟らかい舗装とするように配慮し，支柱基礎などが地表部へ露出しないような対応や，石ころや異物が散乱しないような対処も望まれる．

(3) その他の公園施設

　　遊具以外の公園施設については，「プールの安全標準指針」[5)]がある．また，国土交通省により，公園施設の安全点検に係る指針が策定される予定であり，パブリックコメント募集の

ための案が示されている．

その「公園施設の安全点検に係る指針（案）」[6]では，「公園施設の利用は，公園利用者の判断による利用が前提であり，自らの安全は自らで確保するという認識のもとで，公園利用者は，公園施設の安全な利用に注意を払う必要があり，保護者は，特に自己判断が十分でない年齢の子どもの安全な利用に十分配慮する必要がある．」とされており，利用者にも一定の自己責任による使用が明記されている．

しかしながら，ハザードが想定される施設では，転落や溺れを防止するために，「防護柵の設置基準」[7]「防災調節池等技術基準（案）」[8]「水景技術標準（案）解説」[9]などの基準を満たさなければならない．

安全に関する基準等は，都市公園以外の屋外環境にも適用・応用できるものであり，上記のほかにも，建築・土木・電気設備・給排水設備などの分野のものも理解しておかなければならない．

施工者は，個々の造園施設と施設内容に応じた基準等を調査し採用した設計内容を確認し，施工対象となる造園施設に適用される安全基準等を把握して施工しなければならない．

Ⅲ部5章 参考文献

1) 警視庁（2014）:「安全・安心まちづくり推進要綱」の改正について（通達）（平成26年8月28日付け警察庁丙生企発第96号）別添の別紙1
2) 国土交通省（2014）:都市公園における遊具の安全確保に関する指針（改訂第2版），平成26年6月
3) 国土交通省（2014）:都市公園における遊具の安全確保に関する指針（別編：子どもが利用する可能性のある健康器具系施設），平成26年6月
4) 日本公園施設業協会編集（2014）:遊具の安全に関する規準 JPFA-SP-S：2014，2014年6月：日本公園施設業協会
5) 文部科学省・国土交通省（2007）:プールの安全標準指針，平成19年3月
6) 国土交通省都市局公園緑地・景観課（2014）:「公園施設の安全点検に係る指針（案）」に関する意見の公募について（案件番号：155140402）命令等の案
7) 日本道路協会編集（2008）:防護柵の設置基準・同解説（改訂版）：日本道路協会，丸善出版事業部
8) 日本河川協会編集（2007）:防災調節池等技術基準（案）解説と設計実例 増補改訂（一部修正）版：日本河川協会
9) 日本水景協会編集（2009）:水景技術標準（案）解説 第4版：日本水景協会

6章　循環型社会の形成

6.1　温室効果ガスの排出抑制

地球温暖化対策において，都市緑化による温室効果ガスの吸収など，造園分野の果たす役割は重要である．これらの基本的な考え方と対策の方向性を理解して，対外的にアピールすることも含めて対応することが望ましい．

【解　説】
（1）温室効果ガス排出抑制対策

造園施工で実践可能な温室効果ガス排出抑制対策として，動力機械等の適正な使用，作業員の交通手段の効率化やアイドリングの制限等があげられる．

ⅰ．排出ガス対策型建設機械や環境物品の使用

造園施工で使用する工事用建設機械は，低騒音で排出ガス対策型のものを使用する必要がある．この排出ガス対策型建設機械については，国土交通省の調達方針として「建設機械に関する技術指針」[1]が示されており，この排出ガス基準値が使用の指針となる．また，国土交通省は「環境物品等の調達の推進に関する基本方針」に基づき，調達方針を定めている[2]．

この中で公共工事については，環境負荷の低減に資する方法で実施することとし，法面緑化工法では施工現場における伐採材や建設発生土を当該施工現場において有効利用する工法であること，屋上緑化ではヒートアイランド現象の緩和等都市環境改善効果を有するものであることなどが判断の基準として示されている．

ⅱ．作業員の交通手段の効率化

造園資材の運搬や施工者の現場までの交通手段に車を使用する場合は，低公害の車種を使用し，輸送資材の集約化，用途に対する適正な車種の選定，移送者の分乗等による排出ガスの削減を図る必要がある．また，待ち時間や休憩場所として車を使用し，施工現場周辺で不要なアイドリングをすることは，緊急避難的な事情がない限り慎まなければならない．

（2）施工現場の環境改善

施工現場の事務所は，通常はプレハブなどの仮設建築物であり，この事務所を簡易な植栽や自然素材により改善することは，造園事業が環境改善の役割を担っていることを対外的にアピールする手段として有効である．

夏の場合は，事務所の気温上昇を抑えることを目的として，修景としても効果的なよしず

の設置や，つる植物による壁面緑化などがある（「**4.3.2 壁面緑化等による温熱環境緩和**」参照）．こうした工夫によりエアコンの使用を控え，エネルギー消費の削減量や植物のCO_2吸収量を建設現場に掲示することなども実践していくことが望ましい．

6.2 都市における水循環への配慮

都市の水循環において，緑地は雨水の一時貯留による水害抑制や安定的な水循環を支える地下浸透の役割を果たしていることから，造園施工に当たってはこれらの重要な役割を認識し，その機能を高めるための対策に取り組むことが望ましい．

【解　説】
（1）流出抑制機能

都市の洪水対策として整備する流出抑制施設は，「雨水貯留施設」と「浸透施設」に大別される．緑地はその両方の施設の機能を合わせ持つ空間である．

ⅰ．雨水貯留機能

緑地は，一般的にオフサイト貯留（遊水地，調整池等）ではなく，オンサイト貯留施設として位置づけられる（**解説図Ⅲ.6-1参照**）．その機能を高めていくためには，豪雨時の安全性の確保と雨後の利用を考慮して窪地状の植栽地を設けることや，広場・駐車場等に小堤や掘込式で低水深に湛水すること，貯留槽で屋根の水を貯留する等の対策を行っていくことが求められる．

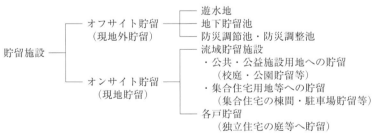

解説図Ⅲ.6-1　貯留施設の分類[3]

ⅱ．浸透機能

浸透桝や浸透側溝等の浸透施設は，雨水流出抑制のほかにも植物の育成，蒸発散による微気象の緩和，地下水涵養等の効果を発揮するが，より十分な浸透機能を確保するためには植栽地の確保や透水性舗装園路広場の整備等による面的な浸透面の拡大を図っていくことが必要である．

降雨強度の目安である時間50 mmの降雨は，1 m² 当たり毎分0.00083 m³の浸透能力が

あれば処理が可能である．土壌の浸透能力の目安としては，主に砂礫土，シルト質砂礫土などが高いと言えるが，浸透施設は透水性等の設置条件の見極めと条件にあった施設の整備が重要である（**解説表Ⅲ.6-1参照**）．

解説表Ⅲ.6-1　土壌の浸透能力の目安[4]

浸透能力	大	中	小	
透水係数	$K \geq 10^{-2}$ (cm/s)	$10^{-2} \sim 10^{-5}$ (cm/s)	$10^{-5} \sim 10^{-6}$ (cm/s)	$K \leq 10^{-6}$ (cm/s)
土　性	礫〜砂	砂〜シルト	シルト〜粘土	粘土

　土壌の透水性は土性により異なり，浸透能力の低いマサ土等が分布する地域では注意を要する．その場合は，浸透桝の配置場所の変更や礫間貯留浸透方式の検討などを行う必要がある．

　なお，浸透施設の整備に関しては，国土交通省より「雨水浸透施設の整備促進に関する手引き（案）」[5]が示されている．

（2）水循環に関する配慮事項

　造園施工では，水循環に関して以下の事項に配慮していくことが必要である．

ⅰ．樹林地の適正な土壌環境の保全

　　浸透施設の設置に当たっては，土壌の水分条件を変えることもあるため，植栽や既存植生などに影響がないように配慮する必要がある．

ⅱ．重機の使用や仮設駐車等による植栽土壌の締固めの回避

　　緑地における重機による施工や，植栽地に仮設駐車場を設ける場合は，繰り返しの輪加重によって土壌が締め固まり浸透力が低下し，根系の生育を阻害する要因となることから，重機の使用方法の検討や一定期間ごとの仮設駐車場の場所の変更等を行い，土壌の固結を避けるように工夫することが必要である．

ⅲ．雨水利用

　　施工現場の事務所の屋根の水を一時貯留し，灌水や打ち水に使うことは，雨水の活用方法として有効であり，施工現場のイメージアップにつながるため，積極的に行うことが望ましい．

6.3　再生可能エネルギーの導入

　地球温暖化防止に寄与し，環境への負荷が少ない再生可能エネルギーの導入をすることは重要な取り組みであり，これらの意義と技術の現状を理解して対応することが望ましい．

【解　説】
（1）再生可能エネルギーの分類と造園空間に導入される施設

再生可能エネルギーとは，「エネルギー供給事業者による非化石エネルギー源の利用及び化石エネルギー原料の有効な利用の促進に関する法律」で「エネルギー源として永続的に利用することができると認められるもの」と規定されている太陽光，風力，水力，地熱，太陽熱，大気中の熱そのほかの自然界に存する熱，バイオマス等の，資源が枯渇せずCO_2をほとんど排出しないエネルギーのことである．現在，公園緑地等に設置されている施設は，太陽光や風力を利用したものが多い．

（2）再生可能エネルギー施設の設置における留意事項

再生可能エネルギー施設の設置に当たっては，エネルギー効率を確保し，施設の設置に伴う環境への影響を予測し，その軽減に向けた対策を講じていくことが必要である．

造園施工では，利用者の利用機能の確保，景観の維持，自然環境の保全等に配慮した植栽工事や施設工事を行うことで，再生可能エネルギー施設の導入に伴うマイナス面の影響を軽減させていくことが望ましい．

ⅰ．太陽光発電（ソーラー発電）施設の設置

公園緑地等では，防災施設としてソーラー照明灯や建築物の屋根などを利用したソーラーパネルの設置例が多い．ソーラーパネルの設置に関して特に留意することは，発電効率を高めるための配置や取り付け方に対する配慮である．例えば東京における発電効率は，南方向（傾斜角30°）を100％として東西方向で約15％，北方向で約35％減少する．また，複数の太陽電池モジュール（太陽電池セル等を封入した最小単位の発電ユニット）を直列に配置した場合，セルの一部で影になると効率が落ちるため，設置場所での樹木配置や枝の成長予測などを十分に行う必要がある．

太陽光発電施設の施工上の注意点や関連する法令，制度等については，『公共・産業用太陽光発電システム手引書』[6]『太陽光発電システムの設計と施工』[7]が参考となる．

太陽光発電施設については，国土交通省が再生可能エネルギーの導入に向けた施策として「（公共）社会インフラ空間を活用した太陽光発電の推進」[8]を掲げており，都市公園等においても民間事業者等が太陽光発電施設を占用物件として設置することも可能としている．

ⅱ．風力発電施設の設置

公園緑地等に設置されている風力発電施設は，主に出力1 kW 未満のマイクロ風車と1～50 kW 未満の小形風車（以下，「小形風車等」と言う）が多く，ソーラー併用のハイブリッド型照明やエントランス広場などにシンボルとして設置する例が多い．自然エネルギー利用の普及啓発用としての位置づけが大きいため，負荷に対する電力をソーラーに頼ることが多い．風車の設置にあたり風況調査は重要であるが，公園緑地等に設置する小形風車等の場合は発電効率より安全性の保持が重要である．注意を要するのは風の乱れであり，ビル風等の大きな風向，風速の変動がある場所では，耐久性に問題がないか確認する

必要がある．また，住宅地に隣接するところでは，機種により風切音や低周波，回転するプロペラの反射による視覚的な影響等が発生する場合があるので，設置場所の選定には，その有無の確認と配慮が必要である．

小形風車等の製品の安全性については，JIS C 1400-2（IEC 61400-2）「風車―第2部：小形風車の設計要件」の品質規定を確認する必要がある．風車発電施設の施工上の注意点や関連する法令，制度等については，「小形風車導入手引書」[9]等が参考となる．

6.4 廃棄物の抑制とリサイクル材の活用

自然の循環を規範とした資源のリサイクルを実践し，① 発生抑制，② 再使用，③ 再生利用，④ 熱回収，⑤ 適正処理に沿った対策を推進していくことが望ましい．

【解　説】
（1）建設廃棄物の位置づけ

建設廃棄物は，建設副産物のうち，「廃棄物の処理及び清掃に関する法律」（以下，「廃棄物処理法」と言う）の第2条第1項に規定するものを言い，一般廃棄物と産業廃棄物が含まれる．これらは，我が国の全産業廃棄物の約2割（その6割が土木系建設廃棄物），最終処分量の約2割を占め，平成23年度の排出量は約7500万tである．「建設工事に係る資材の再資源化等に関する法律」（以下，「建設リサイクル法」と言う）が平成12年11月に施行され，産業廃棄物に分類される特定建設資材（コンクリート，コンクリート及び鉄からなる建設資材，木材，アスファルト）の分別解体等及び再資源化が義務づけられたことで再資源化は大きく進んだ．剪定枝等の発生材は，一般廃棄物として分類されるため，処分方法等の把握が難しい．平成13年時点で新設・維持管理，公共・民間を含めて廃棄処分（焼却及び最終処分）が6割，自社処分（堆肥化等）が4割であり[10]，再資源化が図られていないのが現状である．

造園分野の取り組みとしては，産業廃棄物である特定建設資材は建設リサイクル法に定められた再資源化を進め，一般廃棄物であるみどりの発生材については以下の基本的な考え方で資源循環を行うことが必要である．

（2）造園分野の資源循環

造園分野における発生材の資源循環の基本は，発生場所における適正処理により① 発生抑制，② 再使用，③ 再生利用等，緩やかな分解を経て大地に還すことである．設計の仕様に発生材の再使用や再利用が盛り込まれている場合は，自然のサイクルを理解した上で環境に悪影響を与えないように配慮した施工を行う必要がある．

ⅰ．原形利用：資材利用，施設利用

生きものの生息のための多孔質環境の創出や，木柵やベンチなどの工作物を作成する場合は，樹種や伐期，仕上げ等，利用目的に合致した効果が得られるように施工する必要が

ある．木材の強度不足や腐朽菌（キノコ等）により，利用上の支障や環境上の悪影響等の支障が予想される場合は留意する．

ⅱ．加工利用：チップ材（舗装材，マルチング），堆肥

　チップ材の利用については，樹種や形状等，利用目的にあった適正な加工材料を使用する必要がある．また，粒度に適した粉砕機の選定も重要である．特に広葉樹系のチップ材は，腐朽菌の温床となりやすいので使用環境に留意する．

　堆肥については，熟成したものを使用することが重要で，肥料取締法を順守し，窒素飢餓（C/N 比おおむね 35 以下）を起こさないものであることが望ましい．チップ材の用途と品質基準は「チップ及び堆肥の特記仕様書（案）」[11]が参考となる．

（3）みどりの発生材の処分

　みどりの発生材の再資源化に当たっては，有害物質を含む資材の分別等の対策を講じていく必要がある．

ⅰ．適正な処分

　みどりの発生材の処分方法は，廃棄物処理法の解釈により「産業廃棄物」（広域処分）と「一般廃棄物」（自区内処分）のどちらにも扱われている現状がある．「有用物，又は資源」として認識し，再利用や地域の施設による再資源化を図ることが求められる．やむを得ず廃棄物となる場合は「一般廃棄物」（自区内処分）として扱うことが望ましい．かつて防腐剤として使われた CCA 処理木材等の有害物質含有資材については，再資源化資材と分別することを徹底し，法令に基づいて適正に処分する．

ⅱ．池沼の浚渫汚泥等の処分

　池沼の浚渫汚泥等は，在来種の埋土種子の存在も期待されることから，有害物質を含有しない限り産業廃棄物とはせず，脱水，乾燥処理後，現地で再利用することが望ましい．

Ⅲ部 6 章　参考文献

1) 国土交通省（1991）：建設機械に関する技術指針（平成 3 年 10 月 8 日付け建設省経機発第 247 号）別表 2
2) 国土交通省（2013）：平成 25 年度特定調達品目調達ガイドライン（案），平成 25 年 5 月
3) 岡太郎・菅原正孝編著（1994）：都市の水循環の新展開：技報堂出版，69
4) 前出 3），75
5) 国土交通省都市・地域整備局下水道部・国土交通省河川局治水課（2010）：雨水浸透施設の整備促進に関する手引き（案），平成 22 年 4 月
6) 太陽光発電協会公共・産業部会手引書改訂ワーキンググループ編集（2013）：公共・産業用太陽光発電システム手引書：太陽光発電協会
7) 太陽光発電協会編（2011）：太陽光発電システムの設計と施工（改訂 4 版）：オーム社
8) 国土交通省 Web サイト：再生可能エネルギーの導入加速に向けた連携施策について，平成 26 年 5 月 30 日：〈http://www.cas.go.jp/jp/seisaku/saisei_energy2/dai1/siryou5.pdf〉，2015.3.1 閲覧

9) 日本小形風力発電協会（2012）：小形風車導入手引書　第2版，2012年（平成24年）12月1日
10) 日本造園建設業協会（2001）：造園工事業におけるみどりのリサイクルシステムの構築報告書，平成13年2月：日本造園建設業協会
11) 日本造園建設業協会技術委員会（2004）：「みどりのリサイクル」のうち チップ及び堆肥の特記仕様書（案）（チップ及び堆肥化のガイドライン），2004年3月：日本造園建設業協会

7章　ユニバーサルデザインと癒しの空間

7.1　ユニバーサルデザインとバリアフリーの推進

公園緑地等では，明確な基準を持つバリアフリーを徹底し，それに加えてユニバーサルデザインを展開することが望ましい．

【解　説】

(1) ユニバーサルデザイン

ユニバーサルデザインとは，「全ての人のためのデザイン」を意味し，年齢や障がいの有無などにかかわらず，最初からできるだけ多くの人が利用可能であるようにすることを言う．このため，障がい者や高齢者等の社会的弱者に対して支障となる物理的な障害や，精神的な障壁を取り除くための対策（＝バリアフリー）を含んだ概念である．

(2) バリアフリーに関する基準

公園緑地等のバリアフリーは，「高齢者，障害者等の移動等の円滑化の促進に関する法律」（以下，「バリアフリー新法」と言う）に基づき，国土交通省の省令で，都市公園を対象とした「移動等円滑化のために必要な特定公園施設の設置に関する基準」（以下，「円滑化基準」と言う）が定められており，都市公園以外の緑地においてもこれに沿った対応を行っていくことが望まれる．

円滑化基準の具体的指針や詳細は「都市公園の移動等円滑化整備ガイドライン」[1]に示されているが，内容は，施設をバリアフリーにするものと，施設間の移動をバリアフリーにするものに分けられる．

　ⅰ．特定公園施設

不特定かつ多数の者が利用し，又は主として高齢者・障がい者等が利用する施設を「特定公園施設」と位置づけ，円滑化基準への適合を義務づけている．対象施設には，都市公園の出入口及び駐車場，特定公園施設又は主要な公園施設との間の経路を構成する園路及び広場，屋根付き広場，休憩所，野外劇場，野外音楽堂，駐車場，便所，水飲場，手洗場，管理事務所，掲示板，標識があげられる（**解説図Ⅲ.7-1 参照**）．

　ⅱ．適合義務

適合義務については，「公園管理者等は，特定公園施設の新設，増設又は改築を行うときは，当該特定公園施設を，都市公園移動等円滑化基準に適合させなければならない」とされており，既往不適合は除外されている．また，野外劇場，野外音楽堂，便所，掲示板，標識は全て適合させる必要があるが，それ以外の施設を設ける場合は，そのうち1以

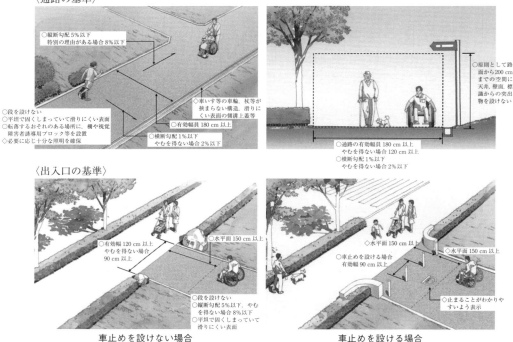

解説図Ⅲ.7-1　移動等円滑化園路のイメージ[1]

上の施設について基準への適合が義務づけられている．

なお，基準適合の例外規定として，条例により現状変更への規制がある場合，著しく傾斜している土地に設ける場合，自然環境の保全が優先される場合等がある．また，地方公共団体によっては，バリアフリー新法ができる以前の「身体障害者等が円滑に利用できる特定建築物の促進に関する法律」（ハートビル法）や「高齢者，身体障害者等の公共交通機関を利用した移動の円滑化の促進に関する法律」（交通バリアフリー法）に従って，「福祉のまちづくり条例」等を制定し，施設等の詳細を定めている例がある．

特に，このような条例では，園路の勾配や便所の出入口寸法など，円滑化基準より数値が厳しいこともある．この場合は，出来上がった施設の完了検査において基準を満たしていないと検査不合格となる恐れがあるため，当該地方公共団体の福祉関係条例とのチェックは必ず行う必要がある．

7.2　癒しの場の創出

「癒される思い」は，見る・聞く・感じる・触れることなどによって得られるものであることから，造園空間では，緑・花・水等の自然素材を有効に活用し，その場に合わせた

> 手法を用いて，楽しさ，心地良さ，安らぎなどが感じられる環境を創出していくことが望ましい．

【解　説】
（1）自然とのふれあいの推進

　日本人は古来より，春の花見，夏の夕涼み，秋の紅葉狩り，冬の雪見と季節ごとに自然とふれあう行事を楽しみ，日常的にも虫取りや野遊びなどを通じて自然と親しんできた．こうした自然とのふれあいは「癒し」の基本的要素の一つと考えられており，造園空間においても重視していくことが必要である．

　例えば，ビオトープなどの生物の生息空間を創出することを目的とした空間では，生息地としての機能に加えて，小鳥のさえずりが楽しめる，虫取りができる，木登りができるなどの，より幅広い「癒し」につながる環境を整えていくことが望ましい．また，設計の主旨に則り，将来の望ましい環境・景観をイメージした植物の選定・配植・植付けや園路広場等のきめ細かな仕上げを行っていく必要がある．

（2）花とみどりの活用

　花のある空間は，心を和ませる，四季の変化が楽しめるなど，様々な癒し効果を発揮する．造園空間では，花壇などの花の空間づくりのほかに，壁面緑化やプランターを用いた緑化などの多様な演出が可能であり，栽培管理技術も発達していることから，施工者は，その場に合わせた植栽を行って演出効果の高い癒しの環境を提案又は創出していくことが求められる．

　芝生地や樹木植栽地は，気持ちを落ち着かせる，疲れを和らげる，開放感が得られるなどの癒し効果を発揮する．一方，癒しの効果は利用者の主観で判断される場合も多い．施工においては，設計意図を理解した上での植物材料の選定や配植・植付けなどにおいて，利用者の嗜好や利用者層，周囲との調和等を考慮したきめ細かな対応が必要である（「**8.2 発注者と施工者との協働**」参照）．

（3）水の活用

　水のある空間は，心を和ませる，疲れを和らげるなどの癒し効果を発揮する．造園空間では，池，流れ，滝，噴水等の水景施設として整備され，石組や植栽と一体となって景観の主役を果たしている場合が多い．

　水系施設は，規模に応じて雄大さを見せる，水と岩組の美しさを見せる，水音を楽しませる，水の景色の変化を見せるなどの様々な演出が考えられるが，いずれの場合も美しい水の表情をつくり出すことが施工の基本であり，きめ細かな工夫が必要である．例えば，流れにおいては，勾配・流速・上流と下流の流れの幅，流の変化点や角度，景石の配置等の相互関係を計算して最適な空間をつくり出す必要があり，見る場所と見られる水系施設の位置関係の決定にも十分な配慮が求められる．

（4）各種セラピーでの活用

「園芸療法」[2]とは，草花や野菜などの園芸植物との関わりの中で心身の健康の回復を図る療法を言う．園芸には，感じる，（植物と）過ごす，育てる，採る，利用するなど，多くの人の興味をひき，楽しみながら精神や身体を刺激する要素が含まれており，その関わりを通してストレスの軽減，意欲回復，認知機能の維持・向上，日常生活に必要な能力の向上など，色々な健康上の効果が得られることが実証されている．

造園と園芸療法は，目的・手法は異なるが，造園には園芸療法に貢献できる要素が数多く含まれていることから，造園施工においては専門家のアドバイスを得て，園芸療法プログラムに適合する療養者の立場に立った施設づくり，環境づくりを心掛けていくことが求められる．

このほかにも，「森林セラピー」といったいわゆる森林浴効果で肉体の疲労回復に役立つと言われているものなどもあり，社会環境の複雑化や高齢人口の増加が進行する中で，自然的環境づくりによって人々の心や体の健康への貢献を果たしていく必要がある．

Ⅲ部7章 参考文献
1) 国土交通省（2012）：都市公園の移動等円滑化整備ガイドライン【改訂版】，平成24年3月
2) グロッセ世津子（2008）：園芸療法 新装版―植物とのふれあいで心身をいやす：日本地域社会研究所

8章　協働による造園空間づくりへの対応

造園空間づくりにおける協働とは，良好な公園緑地などの環境を目指す共通の目的を達成するために，様々な利害関係者が参加して行う活動を言う．

8.1　公共的な造園空間における住民参加による協働

設計者や施工者の協力を得て地元住民が空間づくりに参加するという「協働」が推進されており，施工者はこれらの活動の意義を理解して積極的に対応することが望ましい．

【解　説】

（1）協働に適した工種の選定

　公共造園工事の施工は，「Ⅱ部 施工技術」にあるように，幅広い工種で構成されていることが特徴の一つとしてあげられる．協働による空間づくりにおいて，施工者はこうした様々な工種の中から住民が参加でき，かつ空間への親しみを持てそうな工種を選定し，協働の機会を提供することが求められる．この場合，「危険を伴わずに比較的安全に実施できること」「強度や安全性など全体の品質の低下につながらないこと」「雨天順延などによって施工全体の工程管理に大きな影響を及ぼさないこと」「参加者の多様性が反映されて魅力的な成果が期待できること」「和気あいあいと楽しいコミュニケーションが期待できること」「実施後の達成感並びに竣工後に参加した成果を味わうことができること」などの要件に適合する内容が望ましい．

　協働の具体例としては，記念樹植栽，低木や芝生の植付け，舗装づくり，遊具づくり，園名板・案内板・標識類の製作，花壇づくり，ベンチ製作，土づくりなどがあげられる．

（2）準備と施工時の対応

　協働による造園空間づくりでは，施工者が主導して発注者（主に行政）と連携して作業の段取り等を進めていくことが望ましい．

　ⅰ．準　備

　施工者は，協働による工事を資材面・技術面から支える者として，工事が安全でかつ無事に実施できるように準備を整える役割が求められる．まずは協働による工事の実施計画を作成する必要がある．計画の内容は多岐にわたるが，主なものとして，実施目的と達成目標の確認，準備費・資材費・人件費等の実施予算の組立て，協働工事への参加の呼掛け手段の検討，発注者・施工者・参加者（住民）等の役割分担，工事に必要な技能や規模等を踏まえた実施工種の設定，工事に使用する資材や用具の確保，実施日と予備日並びに天候等による順延の判断と伝達方法の設定，協働工事の手順や作業の指導，必要と思われる

要員の配置等の実施体制の確認，イベント対応傷害保険への参加者の加入などがあげられる．なお，可能であれば，実施計画の作成についても住民との協働で作成することが望ましい．

ⅱ．施工時の対応

協働作業では，安全を最優先させた上で達成感と空間への親しみを得るという成果が求められる．このため，施工者は現場における工事の進行に応じて**解説図Ⅲ.8-1**のような役割を果たしていくことが求められる．

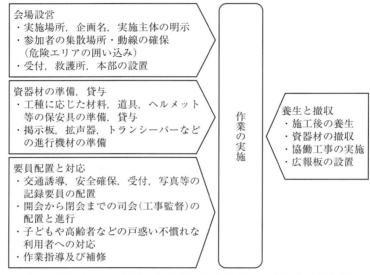

解説図Ⅲ.8-1　住民参加型の協働における施工者の役割と進行

8.2　発注者と施工者との協働

　住宅庭園や建築物の外構などの造園空間では，発注者の思いを設計者や施工者が正確に理解し，連携してその実現を図っていく協働が生じる．この中で施工者は，発注者の思いを反映した設計図書に沿って施工計画を作成し，造園工事を行って求められる空間の形を体現していく役割を担うことが望ましい．

【解　説】
（1）発注者の思いに対する理解と技術力の提供

　造園では，施工者が発注者（施主）の意図を正確に理解し，それに応える高い技術力を発揮していくことで協働が成立する（**解説図Ⅲ.8-2参照**）．

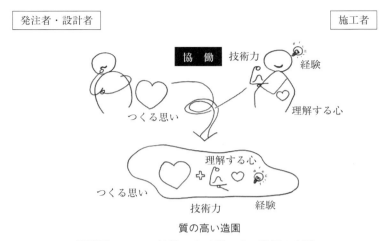

解説図Ⅲ.8-2 協働による質の高い造園の創造

ⅰ．発注者の思いに対する理解

　造園空間づくりには発注者の動機があり，施工者は発注者の造園に対する動機とそこに寄せる思いを深く理解する姿勢と力が求められる．例えば，民間造園工事において「百日紅（サルスベリ）のある庭が欲しい」という発注者からの要請を受けたときに，施工者は何故庭をつくろうとしているのか，百日紅に寄せる思いは何か，発注者が大切にしていることは何かなどについて考える．また，建物外構の造園工事では，建築の目的・用途は何か，建築デザインの趣旨は何か，建築物とどう調和させるか，外構がどのような役割を果たしていくべきか，設計の意図は何かなどについて考える．造園では，こうした施工者の姿勢と動機への理解力が，質の高い空間をつくり出す上で重要となる．

ⅱ．発注者の思いを形にする技術力

　ⅰ．の百日紅の例で言えば，造園空間づくりのパートナーに指名された施工者は，百日紅等の特性，品種，管理技術，材料単価，優れた施工事例，そして自らの様々な工事経験を想起しながら，敷地の環境を読み取り，工事手順を組み立て，材料としてどういう百日紅が良いか，ふさわしい植え方などを工夫する．施工者は発注者の満足が得られたときに評価される．愛される庭，使い込まれる造園をつくる施工者には，発注者の思い，利用者の潜在的なニーズなど，造園に寄せられる期待を的確に捉えて，具体的な形にしていくモノづくりの高い技術力が求められる．

(2) 現場提案

　施工者は，造園工事の現場において造形の最終段階に関わる専門家であり，その判断は，最終的な出来栄えに大きな影響をもたらす．現場では，工事が始まると設計段階では把握されていない土壌や地下水，既存樹の根などの現状と向き合うことになる．また，思いがけない埋設物や構造物などが出ることもある．

　また，設計時には予測できなかった周囲の土地利用の変化などにより，遮蔽・遮音等の必

要性が生じることや，施設の位置の変更等が求められることも考えられる．こうした場合において施工者は，発注者の思いを実現するパートナーとして，造園材料の特徴を活かしながら，工法の工夫など現場から最良の選択肢を提案していく力が求められる．

（3）経年変化への対応と喜びの提供

造園空間は，四季に応じて景観が変化することや，時間を重ねる中で成長し，存在感を増し，使い込まれることで居心地の良い場所として次第に馴染んでいくという特色を持つ．したがって施工者は，協働の相手である発注者に，造園空間が持つ経年変化の特性を伝え，その特性をより効果的に引き出し，発注者や利用者に喜びを与える環境を提供していくことが必要である．

施工者は，その長い造園の歴史の中で高度な施工技術を蓄積してきており，その知識と技術を発注者や利用者と共有することで，協働の意識が高まり，造園空間の価値を高めていくことができる．施工者は，発注者や設計者と協働して価値ある造園空間を創造していく重要なパートナーであることを認識し，施工しなければならない．

Ⅲ部8章 参考文献
1) 市民ランドスケープ研究会編著（1996）：市民ランドスケープの創造：公害対策技術同友会
2) 中村良夫（2007）：湿地転生の記―風景学の挑戦：岩波書店
3) 田代順孝・中瀬勲・林まゆみ・金子忠一・菅博嗣編著（2011）：パークマネジメント―地域で活かされる公園づくり：学芸出版社

IV部

資料

1章　造園施設における材料の特性

　造園空間の施設（主に公園施設）に使用する材料は，適材適所が原則であり，適切な維持管理を施すことで施設の寿命を延ばし，より長い期間快適に利用することができる．そのため以降の章では，施設に使用される，植物と石材以外の主要材料の性質とその劣化傾向と，塗装の種類や用途について示す．

　造園では，材料の経年変化を楽しむ趣向もあるが，公共造園施設の場合，劣化はあくまでも表面的な範囲にとどめ，構造的な強度低下は許容範囲内に抑えなければならない．そのためには，材料の初期性能を正しく把握し，その初期性能を維持するための管理が重要である．

　施設の変化を早期に察知して危険を発見し，それに対処することで，利用者が常に安全に利用できるようにすることが求められる．

　施設を適切に維持管理するためには，施設利用者の安全を確保し，保守を考慮した使用材料の工夫，構造の改良などの設計，製造へのフィードバックを行うことが望ましい．

　一般的に施設の維持管理は施設の設計・製造・施工の後に，供用が開始されると同時に始まる．施設の種類や機能にもよるが，完成時から使用が繰り返されるほど，年月の経過とともに材料の種類によっては性能が低下し，可動部は摩滅・損耗し，部品の交換を行い続ける．

　そして，最後には目的とする機能を果たすことができなくなり，廃棄処分に至る．公共造園施設では，①点検・整備，②修繕・部品交換，③廃棄・更新という維持管理の三つの段階を適切に運用し，その記録を残すことが求められる．

2章　材料別の性質と劣化傾向

2.1　金属材料

（1）金属材料の分類

　　施設の材料として使用される金属材料は，大きく分けると鋼と非鉄金属に分けられる．施設に使用される材料で一般に鉄と呼ばれる材料は，鋼の中の炭素鋼（普通鋼）に属し，ステンレス鋼も鋼の中の合金鋼（特殊鋼）の一種である．

　　本節では，公園施設に使用される主な金属材料として，炭素鋼とステンレス鋼及び非鉄金属のアルミニウム合金を取り上げて，その特性と劣化傾向について示す．なお，ステンレス鋼以外の鋼（炭素鋼）を，一般的な呼称を用いて「鉄」と表すこととする．

（2）金属材料の劣化傾向

　　公園施設の金属材料の部位に起きる主な劣化の傾向は，**資料表Ⅳ.2-1** の通りである．

資料表Ⅳ.2-1　劣化の部位と傾向

劣化の部位	劣化の傾向
表面	塗装・めっきなど表面処理の劣化・剥離，金属部の発錆及び腐食
可動部分	摩耗（滑動・回転部分），変形・折損
接合部	溶接の破損及び疲労，ボルトの緩みや脱落，接合部鋳物の破損

（3）種類別の腐食とその予防

　　錆とは，金属が大気中の酸素や水分，異種金属の接触，酸性雨，排気ガス，飛来塩分，基礎コンクリート表面での電位差などの多様な原因により電気化学的反応によって生成される腐食生成物のことである．

　　金属における避けがたい劣化現象は腐食であり，表面に発生した錆等の腐食生成物を放置すれば，地金内部へと腐食が進行する．

　ⅰ．鉄の腐食とその予防

　　施設の錆又は腐食した部分については，その部分を完全に削り取り，鉄肌を現した上で，防錆効果が高く耐久性の良い塗装を行う必要がある．ただし，腐食した部分を削り取ることによって，その部材の必要強度が得られなくなる場合には，補強及び交換を行わなければならない．

　　錆を防ぐ方法としては，塗装（各種合成樹脂塗料，高純度亜鉛含有塗料など）による被覆型の方法と，亜鉛などによる陽極防食（電気亜鉛めっき，溶融亜鉛めっき，亜鉛溶射な

ど）がある．屋外の施設は風雨にさらされるので高い防食性が求められることと，美観的な配慮が必要であることから，両者を組み合わせて使用される場合が多い．

a. 被覆型の防錆（塗装）

　塗装による被覆型の防錆方法は，錆の原因である水と空気を塗装皮膜（塗膜）で遮断することにより，錆を防ぐものである．塗装は，最も使われている防錆方法であるが，塗膜が傷つき地金に達すると，錆が発生し腐食が進行する．必要に応じて補修塗装するなどのメンテナンスが必要である．

b. 陽極防食

　陽極防食の亜鉛めっきは，皮膜作用と犠牲陽極作用の二つの効果がある．亜鉛めっき表面は，緻密な皮膜を形成することで塗装より強固な皮膜効果が期待できるが，錆環境によっては白蠟化現象を誘発することがある．亜鉛は鉄に比べてイオン化傾向が大きく，仮に傷がついて鉄の表面が露出した場合でも，傷周辺の亜鉛めっき層で鉄よりも先に腐食が進み，鉄を保護する．イオン化傾向とは，金属の酸化（腐食）されやすさのことであり，イオン化傾向が大きいとその金属は酸化されやすく，小さいと酸化されにくい．

ⅱ．ステンレス鋼の腐食とその予防

　ステンレス鋼とは，鉄にクロム（Cr）やニッケル（Ni）を添加した合金鋼である．表面は緻密で薄い酸化クロムの膜（不動態皮膜）で覆われており，これが地金を腐食から保護する役目を果たしている．施設に用いられるステンレス鋼は，化粧材，構造材として鏡面仕上げ，ヘアーライン仕上げ，塗装仕上げ，カラー発色など多彩な表面仕上げを施し使用される．

　不銹鋼（ふしゅうこう）といわれるステンレス鋼であるが，まったく発錆，腐食がないとはいえず，長い年月の間には表面に洗浄や研磨の手入れが必要である．主に汚れやもらい錆が多く，原因としては，飛散する土砂や鉄粉，海岸地帯での塩分の付着，排気ガス中の亜硫酸ガスなどである．表面の仕上げによっても汚れやもらい錆の程度は異なり，表面に凹凸のない鏡面仕上げよりもヘアーライン仕上げの方が，微細なごみなどの付着物が付きやすいために汚れやもらい錆を発生しやすいといわれている．

　腐食を防ぐ方法としては，清掃（から拭き，水拭き），研磨（市販の清掃薬液，研磨剤など）などがある．これらにより，定期的に表面の付着物を取り除くことである．加工や溶接は専用の加工工場で行い，据付けに際しても製品の保護梱包や専用の機械・工具類を使用するなど，飛散鉄分などによるもらい錆防止に十分注意する必要がある．

ⅲ．アルミニウム合金の腐食とその予防

　アルミニウム合金も表面に不動態皮膜を持つため，耐食性が良いとされている．ただし，純アルミニウムは亜鉛よりもイオン化傾向が大きく，錆びやすい．特にアルカリ性の環境に弱く，コンクリートに接するところでは地際腐食が起こりやすい．アルミニウム合金は，鋼材と直接接触していると，条件によっては電食作用（異種金属接触腐食）を受け

て腐食することがある．これを防止するには，鋼材側に亜鉛めっきを施すのが効果的である．また，塗装でも電食を防止できるが，塗装を行う場合は，用途に応じて塗料・塗装厚を選定する必要がある．

アルミニウム合金は，鋳造品も含め種類や規格が多いため，耐食性だけでなく加工性なども考慮し，材料の特性を十分理解して使用することが重要である．

腐食を防ぐ表面保護処理としては，陽極酸化皮膜（アルマイト処理），塗装（常温塗料，焼付塗料），陽極酸化塗装複合皮膜のいずれかを用いることが多い．

（4）その他の劣化

ⅰ．摩耗とその予防

可動部分には，部品と部品が擦り合う面に作用する支圧力と材料の摩擦係数によって決まる摩擦力が生じる．この摩擦力が繰り返し働くと，摩擦面は硬度が低い方から削られて摩耗が生じる．

摩耗に影響する大きな要因は，摩擦し合う材料の組合せと潤滑である．

硬いものは摩耗しにくいと考えられているが，異種の材料が接している場合には，一概にそのようなことはいえない．摩擦の発生する部位には，一般に異種の材料の組合せが良いとされ，同じ材料の組合せの場合でも，両者の硬さに差をつけるのが好ましいといわれる．

摩耗に対する有効な予防方法は，摩擦し合う材料を適切に組み合わせ，絶え間なく潤滑を行うことである．

また，摩耗したものは，その部材の必要強度が得られなくなる場合には交換しなければならないが，それ以外でも摩耗によるガタつきなどが起きると，劣化を促進し，該当部分の周辺にも影響を与える場合も多いので，定期的な観察を続けて早期に交換する．

ⅱ．破損とその予防

材料は，力を加えるとその方向により軸応力，曲げ応力及びせん断応力が生じ，微小ではあるが変形する．この応力が，材料の持つ弾性限度内であれば，力を取り去れば変形は元に戻り構造体の形状は変化しない．しかし，弾性限度を超える大きな力を加え，応力が降伏点（耐力点）を超えると，材料は塑性領域に入り，永久歪みを残し，形状は変化する．これを塑性変形という．

疲労破壊とは，一定の力を繰り返し受けることによって亀裂が発生し，その亀裂が切欠きとなって応力が集中し，荷重が繰り返されることにより亀裂が進行して破断することである．塑性変形は特別に大きな力が加わった場合に起こるため，適切な構造設計がなされていれば起きる可能性は少ない．しかし，疲労破壊は比較的低い応力でもそれが繰り返されることによって発生するものであるため，強度的に余裕を大きくとった材料を使用したり，溶接による継手部分に応力集中が起きにくい構造とするなどの配慮が必要である．

ⅲ．ねじの緩みとその予防

締め付けられているねじの緩みは，予張力が低下することによって発生する．予張力の

低下の原因としては，初期緩み，座面の陥没，軸回り振動，軸直角振動，軸方向荷重の増減，衝撃的外力の繰返しなどがある．比較的軟らかい材料に使用されるボルト・ナットや，繰返しの荷重・振動・衝撃の生じる箇所では，ねじの緩みが起きやすい．

また，ねじの緩みは金属材料に限らずほかの材料でも起きることがあり，特に木材では，材料自体が軟らかいことや，材料の乾燥による収縮で起きやすい．よって，ねじの緩む可能性のある箇所には，ねじロック材などの接着剤及びナイロンインサート戻り止めナットなどの緩み止めナットを使用するか，割りピンまたはダブルナットによるロッキング操作などの緩み止め対策を行う必要がある．

（5）金属材料の塗装

塗装は耐久性の向上と美観の保持を目的としているが，塗膜は年月の経過とともに変質，変色するほか，塗膜の傷が成長して剥がれ，金属面が露出し，錆が生じる．塗装は金属のように電気化学的に腐食することはないが，ガス・水蒸気・薬液などが塗膜内に浸透して化学的に劣化する．劣化した塗膜を放置すると，金属面の腐食へと進展し，地金などの損耗を早め，構造全体に影響を及ぼすことになる．塗装の防錆上の耐用年数は，様々な塗料の種類があり一概にはいえないが，普通の環境下では3～5年程度が目安である．

ⅰ．亜鉛めっき面の塗装と塗膜の劣化

一般的な亜鉛めっき面の塗装の劣化は，亜鉛めっき面の白蝋化が起こることで塗膜が剥離することが原因である．防錆機能は，亜鉛めっきによるところが多いが，塗装は亜鉛めっきの消耗を防ぎ，防錆機能を延ばすための補助的な役割を果たしている．剥離などの塗膜の劣化を防ぐには，塗膜がめっき面に密着することが重要であり，施工時の適切な下地処理と密着性の良い塗料の使用が必要である．

塗装の塗替え時には，亜鉛めっき面をできるだけ損傷しないで，劣化した塗膜と白蝋化した亜鉛層を十分に除去する素地調整が必要である．塗膜の剥離が広範囲に及ぶときは，全面補修塗装をしなければならない．このとき亜鉛めっき面は白蝋化が進んでいるので，丁寧にサンドペーパー等などでケレンを行う必要がある．

ⅱ．ステンレス鋼の塗装と塗膜の劣化

ステンレス鋼は，通常は塗装をしないことが多いが，海岸地帯などの腐食環境の厳しいところに設置する施設では，磨きなどの表面仕上げがされていないものを使用し，塗装を行う場合がある．

剥離などの塗膜の劣化を防ぐには，ⅰ．と同様に，塗装の塗替え時にも適切な下地処理と密着性の良い塗料の使用が必要である．

ⅲ．アルミニウム合金の塗装と塗膜の劣化

施設に使用されるアルミニウム合金は，塗装することが多い．アルミニウム合金の塗装の劣化は，主に塗装面の傷などから内部の金属部が腐食し，塗膜が剥がれることである．アルミニウム合金の塗装においても，施工時の適切な下地処理と密着性の良い塗料の使用が必要であり，塗替え時には，劣化した塗膜と金属の腐食した部分を十分に除去する素地

調整が重要である．

2.2 木質系材料

（1）木質系材料の分類

木質系材料とは，製材，皮むき丸太，集成材，その他木材及び木材加工品等を表す．

本節では，公共造園施設に一般的に使用される木質系材料の特性と劣化傾向及びその保護について示す．

ⅰ．製材

製材とは，原木を切削加工して寸法を調整した一般材のうち，建築，その他一般の用に供されるものをいう．また，原木を円柱状に加工した材料もこれに含まれる．

施設の柱や梁などに使用する製材は，間伐材の使用などの特に定めのない限り「製材の日本農林規格（JAS）」による構造用製材を用いる．構造用製材は目視等級区分による2級以上を標準とする（ただし，軽微な部材に使用する場合は除く）．ベンチの座板などで美観に配慮する部位には造作用製材を用いることもある．

なお，木材の材面の品質について，製材の日本農林規格では構造用製材と造作用製材でその基準体系が異なっている（**資料表Ⅳ.2-2参照**）．しかし，商習慣上は構造用製材と造作用製材の基準が混同され，更に特1等，1等，2等という旧JASの等級で取引が行われていることもあるために注意を要する．

資料表Ⅳ.2-2　製材の日本農林規格の区分と商習慣上の材面品質の関係

材面品質	製材の日本農林規格		備　考
	構造用製材	造作用製材	
役物レベル	（無節）	無節	
	（上小節）	上小節	
	（小節）	小節	
並材レベル	1級	（並）	旧JAS　特1等
	2級		旧JAS　1等
	3級		旧JAS　2等

a．構造用製材

製材のうち，針葉樹を材料とするものであって，建築物の構造体力上主要な部分に使用することを主な目的とするものをいう．

また，構造用製材のうち，節，丸味などの材の欠点を目視により測定して等級区分されたものを，目視等級区分構造用製材という．

b. 造作用製材

製材のうち，針葉樹を材料とするものであって，敷居，鴨居，壁，その他の建築物の造作に使用することを主な目的とする．材面は，品質の高いものから順に無節，上小節，小節，並と分けられる．

ⅱ．皮むき丸太

伐採した木材のうち皮むき加工を行った丸太をいい，四阿の柱などに用いられる自然木丸太などが含まれる．公園施設に使用する皮むき丸太は，特に定めのない限り「素材の日本農林規格（JAS）」を準用する．ただし，素材の日本農林規格は，製材を前提として皮むき丸太を区分けするためのものなので，施設用材として適用するには不足する項目も多いため，準用扱いとする．

ⅲ．集成材

集成材とは断面寸法の小さい木材（板材）を接着剤で再構成して作られる木質材料である．構造用と造作用に分類され，主に建材として用いられる．施設に使用する構造用集成材は，特に定めのない限り「構造用集成材の日本農林規格（JAS）」に定めるものとする．

（2）木質系材料の劣化傾向と材料保護

木質系材料に特有の劣化は，腐朽・カビ・蟻害（シロアリによる被害）による損傷，材料特性に起因する割れ，日光や雨水による風化や変色があげられる．

腐朽や蟻害は主に材料の内部で発生し，部材の強度を大きく低下させることがある．また，割れは，小さい場合には美観の若干の低下に留まるが，割れが大きくなると，強度を低下させたり，内部に水分が浸み込んで腐朽を発生させることがある．風化や塗装の劣化，カビについては材料の表面に発生するため，強度への影響は少ないが，美観上の問題を引き起こす．

このように木質系材料は，表面からの化学・物理的な劣化に加え，材質や生物材料であることに起因する割れや生物劣化に対する処置が重要である．木質系材料を屋外の施設として常設するには，その機能に悪影響を及ぼすような劣化現象に対する保護対策を講じなければならない．

木質系材料の材料保護として，木材の劣化を防ぐための**資料表Ⅳ.2-3**のような保存処理方法がある．

施設製品に使用する木材保存処理のうち加圧注入処理は，特に定めのない限り，処理方法

資料表Ⅳ.2-3　木材の保存処理の種類と内容

種　類	内　　容
加圧注入処理	圧力をかけながら木材に薬剤を浸透させる方法
浸漬処理	木材を薬剤を満たした槽に漬け込む方法
表面処理	木材に薬剤を塗布する方法
その他の処理	木材に穴をあけ固形薬剤を押し込む方法等

については「日本工業規格（JIS）」，保存処理木材や薬剤の性能については「製材の日本農林規格」の保存処理，優良木質建材等の認証（AQ）の屋外製品部材，日本木材保存協会の認定薬剤[7]に定めるものと同等以上とする．

それ以外の保存処理，薬剤についても，第三者機関による同等の評価結果を保有しているものが望ましい．

2.3 プラスチック系材料

（1）プラスチック系材料の分類

プラスチック（合成樹脂）系材料は，その特性や性質により以下のように分類される．

ⅰ．熱硬化性樹脂

熱を加えて加工すると硬くなるもので，でき上がった製品に再び熱を加えても軟らかくならない性質を持っている．これには，エポキシ樹脂，フェノール樹脂，不飽和ポリエステル樹脂，ポリウレタン樹脂，メラミン樹脂，ユリア樹脂などがある．造園施設でもよく使われるガラス繊維強化プラスチック（GFRP）は，不飽和ポリエステル樹脂をガラス繊維で補強した複合材料である．

ⅱ．熱可塑性樹脂

熱を加えると軟らかくなり，冷やすと硬くなるが，再び加熱するとまた軟らかくなるという性質を持っている．これには，**資料表Ⅳ.2-4** などがある．

資料表Ⅳ.2-4　熱可塑性樹脂の種類と特徴

種　類	特　徴	
ABS樹脂	機械的特性のバランスに優れ，原料の配合比率を調整してそれぞれの特性を強調することも可能で，表面の美観，印刷特性にも優れる．耐候性はあまりよくなく，長時間直射日光を当て続けると劣化する．	
塩化ビニル樹脂	塩素とエチレンからなり，ほかの樹脂に比べて石油依存度が低い．硬いものから軟らかいものまで色々な性質が得られ広い用途を持っている．	
ポリウレタン樹脂	水分や空気中の窒素酸化物，紫外線，熱などの影響により分解されやすい．	
ポリエチレン樹脂	高密度	低圧法ポリエチレンであり，エチレンを低い圧力で触媒を使って重合させてつくるもので，密度が高くて硬く，こしがある．
	中密度	中間的な性質を持つ．
	低密度	高圧法ポリエチレンであり，密度が低く，軟らかくて成形しやすい．
ポリプロピレン樹脂	機械的強度が優れ，丈夫な製品をつくることができる．耐熱性も強く，熱歪み温度は135℃程度である．繰返しの曲げに強く，成形品も優れた特性を持つ．	

ⅲ．ゴ　ム

ゴムは，JIS K 6200「ゴム用語」に示されている．造園施設には，天然ゴム，ウレタン

資料表Ⅳ.2-5　ゴムの種類と特徴

種　類		特　徴
天然ゴム		本質的に耐油性がない欠点はあるが，その物理的性質や，特に化学的強度・耐摩耗性・弾性に優れており，天然ゴムが必要とされる用途はかなり広い．
合成ゴム	ウレタンゴム	特に，力学的性質に優れている．この強さは，化学構造によって得られる特性で，十分に弾性体としての機能を保持している．耐オゾン・耐油性・耐溶剤性などに優れているが，熱安定性は悪い．
	エチレンプロピレンゴム	耐熱性，耐寒性，耐オゾン性，耐候性，耐酸性，耐アルカリ性，耐摩耗性などに優れるが，鉱油や有機溶剤などからの耐油性に劣る．屋外使用目的や工業用品向けに用途は広い．
	クロロプレンゴム	耐候性・耐薬品性が良く，難燃性で，ガス透過率が小さく，接着力が強いなど，一般のゴムに見られない数々の特徴がある．各種の外的環境に対して一応の抵抗力を持ち，物性的にも天然ゴムと同等の性能を持っている．
	シリコーンゴム	耐熱性と耐寒性に見られる広い使用温度が最大の特徴である．固形のものと，液状又はペースト状のものが広く使用されている．

ゴム，シリコーンゴムなど，様々なゴムが使用されている（**資料表Ⅳ.2-5**参照）．

　ⅳ．人工木材系材料

　　人工木材とは，プラスチック系材料と木粉を構成材料とし，これらを練り混ぜ又はその他の方法によって一体化し，固めたものである．構成材料に廃材を使うことで，環境に配慮した製品となる（JIS A 5741「木材・プラスチック再生複合材」）．施設に使用する人工木材は，その使用部位・使用条件などを十分に考慮した上で，完成時に品質・性能が十分に発揮できるものを選定し，使用することが望ましい．

（２）プラスチック系材料の劣化傾向

　ⅰ．熱硬化性樹脂

　　外力に起因する変形・割れ・傷・摩耗，紫外線や温度などの環境に起因する変形・ひび割れ・色あせ・汚れなどがある．本樹脂を使用した代表的な複合材料である繊維強化プラスチック（FRP）では，摩耗や割れによる繊維の飛び出しに注意する必要がある．

　ⅱ．熱可塑性樹脂

　　外力に起因する変形・割れ・傷・摩耗，紫外線や温度などの環境に起因する変形・ひび割れ・色あせ・汚れなどがある．この樹脂は特に熱に弱く，紫外線により劣化しやすい性質を持つ．

　ⅲ．ゴ　ム

　　繰返し疲労による弾性の低下，外力による傷・摩耗，紫外線や温度などによる弾性の低下・ひび割れ・光沢・色調の変化などがある．

2.4 ロープ・帆布・チェーン

（1）ロープ

　　ロープとは，繊維又はスチール，ステンレスなどといった細い素線を編み込んでつくられたひも状のものをいう．材質により**資料表Ⅳ.2-6**のように分類される．造園施設に使用するロープは，特に定めのない限りJISに定めるものと同等品以上とする．

資料表Ⅳ.2-6　ロープの種類とJIS規格

種　類	規格など
麻ロープ	JIS L 2701「麻ロープ」参照．
ビニロンロープ	JIS L 2703「ビニロンロープ」参照．
ナイロンロープ	JIS L 2704「ナイロンロープ」参照．
ポリエチレンロープ	JIS L 2705「ポリエチレンロープ」参照．
ポリプロピレンロープ	JIS L 2706「ポリプロピレンロープ」参照．
ポリエステルロープ	JIS L 2707「ポリエステルロープ」参照．
ワイヤロープ	JIS G 3525「ワイヤロープ」参照．
ワイヤと合成繊維の組合せロープ	繊維ロープとワイヤロープを組み合わせたもの．高強度，低伸度を兼ね備えた性質を持つ．

（2）帆　布

　　帆布とは，繊維などを材料とし，平織りで織られた厚手の布である．かつては綿又は麻でつくられていたが，現在では化学繊維でもつくられており，材質により**資料表Ⅳ.2-7**のように分類される．造園施設に使用する帆布は，特に定めのない限りJISに定めるものと同等品以上とする．

資料表Ⅳ.2-7　帆布の種類と特徴

種　類	特　徴
麻帆布	JIS L 3402「麻帆布」参照．
綿帆布	通気性が良く化学繊維に比べて熱に強く重い．湿ったところではカビが生えるという性質を持っている．
ビニロン帆布	シートの幅足しで高周波ウエルダーやライスター加工ができ，ミシン目のない（雨漏れしない）シートができる反面，気温が低いと硬くなり，縮みも大きく，寸法安定性が悪い．
ポリエステル帆布	ビニロン帆布の欠点である耐候性，寸法の安定性を改善したもので，軽く，縮まず，硬くならないため現在の主流となっている．
ターポリン帆布	ポリエステル頒布と同等の性質を持つ．
ポリエチレン帆布	安く，軽い，いわゆるブルーシートと呼ばれるクロスシートである．

（3）チェーン

　　チェーンとは，スチール，ステンレスや樹脂などをリング状に加工，又は丸棒などの両端をリング状に加工し，鎖状につないだものである．造園施設に使用するチェーンは，特に定めのない限りJISに定めるものと同等品以上とするか，実績や実験などでその強度が使用条件に耐え得ると判断できるものとする．

（4）劣化傾向

　　ロープ（ワイヤーロープを含む）・帆布は，天然繊維，合成繊維，鋼材などの二次製品であり，いずれも繊維素材や鋼線をロープに撚ったり，布に織ったりしてつくられている．また，繊維ロープや帆布では，使用される原材料もそれ自体，紫外線，温度，湿度，汚染大気などの影響を受けやすい材料であるため，劣化傾向も共通するものが見られる．主な劣化は，摩耗，ほつれ，伸び，破断，撚りの乱れ，疲労，硬化などである．

　　チェーンは，動きによって擦れ合う部分が摩耗し，荷重による引っ張りと摩擦部の摩耗により伸びが生じる傾向がある．また鉄製のチェーンは年月とともにメッキ等が剥げ，錆が発生し，腐食する．

Ⅳ部2章　参考文献

1) 腐食防食学会やさしい金属腐食の本企画・編集委員会編著（2011）：自由研究に使える　まんがやさしい金属腐食の本―ものを大切にする科学と技術―：腐食防食学会
2) 防錆防食技術マニュアル編集委員会編著（1984）：JIS使い方シリーズ　防錆防食技術マニュアル：日本規格協会
3) 日本公園施設業協会編集（2011）：公園施設のための専門技術者必携　非売品：日本公園施設業協会
4) 森林総合研究所監修（2004）：改訂4版　木材工業ハンドブック：丸善出版事業部
5) 林業土木コンサルタンツ（2005）：実務者のための木橋の設計と施工：林業土木コンサルタンツ，林業土木コンサルタンツ技術研究所
6) Martin Chudnoff（1980）：Tropical Timbers of the World：Forest Products Laboratory Forest Service United States Department of Agriculture
7) 日本木材保存協会Webサイト：認定薬剤，認定規程等：〈http://www.mokuzaihozon.org/info/yakuzai/〉，2015.3.1閲覧
8) 石油化学工業協会（2012）：石油化学ガイドブック　改訂4版：石油化学工業協会
9) プラスチックス・エージ（2009）：プラスチック読本　第20版（大阪市立工業研究所プラスチック読本編集委員会・プラスチック技術協会編集）：プラスチックス・エージ
10) 堀越清・橋本幸一（2011）：ロープの扱い方・結び方：成山堂書店

3章　塗装と塗料

　塗装に用いる塗料とは，物体面に塗り広げたとき薄い膜を形成し，時間と温度との条件によって硬化して，物体面に連続した乾燥皮膜をつくる化学工業製品である．常温で液体状のものが一般的だが，最近は粉体状のものも増えている．なお，木質系塗料の中には撥水機能を有した浸透型のものがある．
　本章では塗装の種類や用途について示すが，金属材料の塗装と塗膜の劣化については，2.1「(5) 金属材料の塗装」を参照のこと．

(1) 塗装の種類と特徴

ⅰ. 浸漬塗装
　タンクなどに貯めた塗料の中に被塗装物を漬けて塗装する方法である．漬けてから引き上げるときに，余分な塗料が下に落ちるため，塗膜厚は下が厚く上が薄くなりやすい．また，下の角に垂れが残り余分な塗料が付着するなどの欠点がある．

ⅱ. 電着塗装
　低濃度の水溶性塗料溶液を入れたタンクなどに被塗装物を入れ，対極との間に直流電流を流し，被塗装物の表面に電気化学的に塗料樹脂を析出させる方法である．塗膜厚が通電量により管理でき，複雑な形状でも均一化が図れる．

ⅲ. 静電塗装
　スプレーガン（負に帯電）と被塗装物（正に帯電）の間に 30,000～150,000 V の高電圧をかけて塗装する方法である．スプレーガンから出た塗料の粒子は，被塗装物の正電荷に引き付けられて廻り込み，ガンの反対側まで塗ることができる．この方法の利点は，塗料のロスが少ないことと，突出部，エッジ部などもよく塗れることである．

ⅳ. 焼付塗装
　塗装後，乾燥炉で 130～180℃ の温度で焼き付ける方法である．なお，代表的な焼付塗装は**資料表Ⅳ.3-1**の通りである．

ⅴ. 粉体塗装
　粉状の塗料を被塗装物に付着させ，熱で溶融することにより塗膜化させる方法．粉体塗料の被塗装物への付着方法により，流動浸漬法，散布法，静電法などに分類される．なお，溶剤を使わないことが特徴である．

資料表Ⅳ.3-1　代表的な焼付塗装の種類と特徴

種類	特徴
メラミン焼付	一般的な焼付塗装で，コストが安く，金属材料全般に塗装が可能である．メラミン樹脂は紫外線に弱く年数が経つにつれて色あせが生じることがある．
アクリル焼付	アクリル樹脂配合によって鮮やかな色合いが出せて塗膜の硬度があり，密着性・耐油性・耐久性に優れている．また，紫外線に強く薬品・塩分にも優れた耐久性を発揮する．
ふっ素焼付	ふっ素樹脂配合によって，アクリル焼付けを上回る塗膜硬度を持つ塗装方法である．静電気を帯びないので，汚れにくく色あせが少なく，長期にわたり鮮やかさが持続する．メラミンやアクリルに比べてコストが高い．

（2）塗料の組成

塗料は大きく分けると，塗膜をつくる展色剤，色をつけ塗膜を補強する顔料，塗りやすくする溶剤，安定化や化学反応を助ける添加剤により組成されている（**資料表Ⅳ.3-2**）．

資料表Ⅳ.3-2　塗料の組成

組成	解説
展色剤	油脂，天然樹脂，合成樹脂，ゴム等の加工物を溶剤等で溶かした液体． 〈種類〉油性塗料，繊維素塗料，合成樹脂調合ペイント，アクリル樹脂塗料，エポキシ樹脂塗料，ふっ素樹脂塗料等
顔料	水や油などの溶剤に不溶又は難溶な化合物の粉末で，物体面に不透明な色の膜をつくるもの． 〈種類〉鉛丹ペイント，ジンクリッチペイント，アルミニウムペイント，パール・メタリック塗料等
溶剤	物質を溶解する媒体であり，主に油脂や樹脂を溶解する有機溶剤．
添加剤	ドライヤー（乾燥剤），沈殿防止剤，皮張り防止剤，垂れ防止剤，硬化促進剤，そのほかの塗膜形成を助ける成分．

（3）塗料の種類と特徴

代表的な塗料の種類と特徴を**資料表Ⅳ.3-3**に示す．

資料表Ⅳ.3-3　塗料の種類と特徴

種　類	素地分類	特　徴	主な適合下地
合成樹脂調合ペイント	M	一般に「ペンキ」と呼ばれる．低コスト，垂れにくい，塗りやすいが耐久性，耐水性に劣る．	鋼製建具，手すり，設備機器
塩化ビニル樹脂エナメル	M	自己消火型塗料の特性を持ち，コストは高いがメンテナンスは容易である．耐久性，耐水性，耐汚染性に優れる．	鋼製建具，設備機器，設備配管
	C	環境保全，安全性から石膏ボードの仕上げには用いない．	コンクリート，スレート，ALCパネル
アクリル系樹脂エナメル	M	溶剤系，水系，無溶剤系のものがある．耐候性，耐薬品性に富み物性も優れる．	外装パネル，鋼製・アルミ製建具
	C	耐摩耗性，防塵性を要する床面にも使用が可能である．石膏ボードには用いない．	コンクリート，スレート，ALCパネル
ポリウレタンエナメル	M	一液型と二液型があり，特に長期間の耐候性に優れる塗膜を形成する．	大型鋼構造物，鉄骨，階段，建具
	C	建物内外の耐薬品性，耐摩耗性，防塵性を目的とした床や柱・壁に用いられる．	コンクリート，ALCパネル，GRC板
常温乾燥形ふっ素樹脂エナメル	M	コストは高いが施工性は良く，耐久性，耐水性もあるが汚れやすい性質がある．	大型鋼構造物，カーテンウォール，建具
	C	塗装には高度な技術を要するため，大面積の適用は避ける．	コンクリート，セメントモルタル
アクリル樹脂ワニス	C	素地の肌を生かした透明仕上げに使用され，建築物の外壁面に用いられる．	コンクリート，セメントモルタル
合成樹脂系木材保護塗料	W	木材の防腐・防虫・防カビ効果を有する塗料である．基本的に塗膜を形成せずに内部に浸透する．	木製エクステリア
ウレタン樹脂	W	木材表面に塗膜を形成する，造膜系の塗料として使用される．	木製エクステリア
クリヤーラッカー	W	透明な仕上げなので素地表面をパテ修復できないので，素地選択に注意する．	室内の造作材，木製建具，家具
スーパーワニス	W	空気中の酸素で酸化して塗膜が徐々に硬化する．	室内の造作材，木製建具
ラッカーエナメル	W	乾燥時間が速く，高級な仕上がり感を短時間で得られる．	室内の造作材，集成材，積層材

C：コンクリート系素地面，M：金属系素地面，W：木質系素地面

Ⅳ部3章　参考文献

1)　日本塗料工業会（2010）：塗料と塗装基礎知識　改訂第3版：日本塗料工業会

2015年制定
造園工事総合示方書 技術解説編

平成 27 年 5 月 22 日　初版発行

編著　公益社団法人　日本造園学会
　　　〒150-0041　東京都渋谷区神南 1-20-11
　　　　　　　　　造園会館 6F
　　　　　　　　　電話　(03) 5459-0515
　　　　　　　　　FAX　(03) 5459-0516
　　　　　　　　　http://www.jila-zouen.org/

発行　一般財団法人　経済調査会
　　　〒104-0061　東京都中央区銀座 5-13-16
　　　　　　　　　電話　(03) 5148-1650（編集）
　　　　　　　　　　　　(03) 3542-9291（販売）
　　　　　　　　　FAX　(03) 3543-1904（販売）
　　　　　　　　　E-mail：book@zai-keicho.or.jp
　　　　　　　　　http://www.zai-keicho.or.jp/
　　　　　　　　　印刷・製本　三美印刷株式会社

Bookけんせつフラザ
http://book-kensetsu-plaza.com/
複製を禁ずる

Ⓒ日本造園学会　2015
乱丁・落丁はお取り替えいたします。

ISBN978-4-86374-173-7